规模化养殖场科学建设与生产管理丛书

规模化肉牛场科学建设与生产管理

徐泽君　王学君　主编

河南科学技术出版社
·郑州·

图书在版编目（CIP）数据

规模化肉牛场科学建设与生产管理/徐泽君，王学君主编．—郑州：河南科学技术出版社，2016.8

（规模化养殖场科学建设与生产管理丛书）

ISBN 978-7-5349-8074-9

Ⅰ.①规… Ⅱ.①徐… ②王… Ⅲ.①肉牛-饲养管理②肉牛-养殖场-经营管理 Ⅳ.①S823.9

中国版本图书馆 CIP 数据核字（2016）第 000796 号

出版发行：河南科学技术出版社

地址：郑州市经五路 66 号　　邮编：450002

电话：（0371）65737028　65788613

网址：www.hnstp.cn

策划编辑：李义坤　田　伟

责任编辑：张　鹏

责任校对：王俪燕

封面设计：张　伟

版式设计：栾亚平

责任印制：张　巍

印　　刷：河南安泰彩印有限公司

经　　销：全国新华书店

幅面尺寸：170 mm×240 mm　　印张：8.5　　彩插：4 面　　字数：162 千字

版　　次：2016 年 8 月第 1 版　　2016 年 8 月第 1 次印刷

定　　价：19.80 元

丛书编委会名单

本书编写人员

主　　编　徐泽君　河南畜牧规划设计研究院
　　　　　王学君　河南畜牧规划设计研究院
副 主 编　郑春雷　河南省畜牧总站
　　　　　岳治光　河南安进生物医药技术有限公司
　　　　　王梦艳　焦作市温县畜产品质量安全检测中心
　　　　　倪俊忠　原阳县正大饲料有限公司
　　　　　王　明　吉林省东丰县明鑫良种牛专业合作社
　　　　　孙　静　河南畜牧规划设计研究院
编　　者　岳治光　河南安进生物医药技术有限公司
　　　　　王梦艳　焦作市温县畜产品质量安全检测中心
　　　　　倪俊忠　原阳县正大饲料有限公司
　　　　　王　明　吉林省东丰县明鑫良种牛专业合作社
　　　　　孙　静　河南畜牧规划设计研究院
　　　　　王晓佩　河南畜牧规划设计研究院
　　　　　华　磊　河南畜牧规划设计研究院
　　　　　袁　蕾　河南畜牧规划设计研究院
　　　　　秦雯宵　河南畜牧规划设计研究院
　　　　　李　倩　河南畜牧规划设计研究院

前 言

肉牛业是改革开放以后迅速发展起来的新兴产业，牛出栏量和牛肉产量保持逐年增长势头。2013 年全国牛出栏 4 828. 2 万头，存栏 10 385. 1 万头，牛肉产量 673. 2 万吨。全国肉牛年出栏 50 头以上规模比重为 27. 3%，较 2004 年提高了 14%。中国是一个牛肉消费大国，牛肉价格持续上扬，市场前景看好，但我国养殖模式的落后，在进口牛肉冲击下，我国肉牛业的竞争优势不强，经济效益低。我国肉牛生产存在的主要问题，一是饲养规模与投资融资能力、管理能力、技术水平、资源条件不匹配，导致生产成本高，竞争力低；二是由于架子牛供给不足，农区异地育肥模式没有利润，部分规模肉牛场停产；三是产业化程度低，没有形成完善的产业链，生产结构不合理，产品附加值低；四是组织化程度低，企业和基地农户之间尚未形成“利益共享、风险共担”的产业化机制，社会化服务体系尚不完善；五是规模化养殖场缺乏科学的规划设计，标准化程度低，基础设施差，严重影响效益的发挥。推进肉牛养殖规模化、标准化建设，加快发展适度规模养殖，推广先进发展模式，是实现我国肉牛业转型升级、增强产业竞争力的有效途径，也是编写本书的目的之所在。

本书下设十二章，详细介绍了规模化肉牛场的生产工艺、规划设计、建设与环境控制、现代化肉牛场的设施与设备、繁殖育种、营养需要与饲料、饲养管理技术、废弃物无害化处理资源化利用及疫病防治等。本书编者以河南畜牧规划设计研究院技术人员为主，对近几年的规模化肉牛场规划设计经验进行了总结，希望能够为肉牛标准化生产提供一些帮助。本书系统性、实践性比较强，图文并茂，适合肉牛生产技术人员、管理人员、农业院校师生学习使用。

本书广泛征集了一线技术人员的意见，部分规模化肉牛场生产技术人员也参与了本书编写。对于业界人士给予本书的大力支持和帮助，在此深表感谢。

本书涉及的范围广、内容多，加之编者水平有限，书中难免有不妥之处，恳请广大读者批评指正。

编　者
2015 年 8 月

目 录

第一章 牛肉生产现状与规模化肉牛场发展 …… 1
一、牛肉生产现状 …… 1
二、牛肉供需形势 …… 3
三、肉牛产业发展技术措施 …… 5
四、我国肉牛产业区域布局 …… 5
五、河南省规模化肉牛发展优势及路径分析 …… 9
第二章 肉牛品种及其生活习性 …… 14
一、我国的主要肉牛品种 …… 14
二、引入我国的国外肉牛品种 …… 20
第三章 规模化肉牛场饲养模式及养殖工艺 …… 24
一、肉牛的生产饲养模式 …… 24
二、肉牛养殖工艺 …… 24
三、肉牛育肥工艺流程 …… 25
第四章 规模化肉牛场选址及总体布局 …… 27
一、肉牛场选址 …… 27
二、肉牛场总体布局 …… 29
第五章 规模化肉牛场生产及配套设施建筑工程设计 …… 32
一、牛场建筑技术要求 …… 32
二、肉牛舍建筑方案设计 …… 35
三、辅助建筑物建筑方案设计 …… 40
四、肉牛舍建筑构造设计 …… 42
五、肉牛舍建筑工程材料 …… 45
第六章 规模化肉牛场养殖设备及饲草加工设备 …… 52
一、规模化肉牛场养殖设备 …… 52
二、规模化肉牛场饲草加工设备 …… 55
第七章 规模化肉牛场粪污处理及无害化设施设计 …… 58
一、肉牛粪污产生量 …… 58

二、粪便处理设施的设计 …………………… 58
三、废水处理设施的设计 …………………… 59
第八章　规模化肉牛场繁育及人工授精技术 ………… 61
一、牛群繁殖指标…………………………… 61
二、肉牛配种产犊计划制订………………… 63
三、肉牛发情期生理………………………… 65
四、肉牛的发情鉴定………………………… 66
五、肉牛人工授精技术……………………… 69
六、肉牛妊娠诊断技术……………………… 71
七、分娩管理技术…………………………… 74
八、围产期及产后繁殖监护技术…………… 74
九、肉牛繁殖调控技术……………………… 75
第九章　规模化肉牛场经营管理模式 ……………… 76
一、牛场的生产管理………………………… 76
二、自动化控制技术在肉牛生产管理中的应用…… 85
第十章　规模化肉牛场饲养管理技术及模式 ………… 89
一、肉牛的营养需要………………………… 89
二、饲草的加工技术与日粮配制…………… 94
三、母牛的饲养管理………………………… 97
四、犊牛的饲养管理………………………… 99
五、育成牛的饲养管理……………………… 99
六、肉牛育肥饲养管理 ……………………… 101
第十一章　规模化肉牛场疾病防控技术 …………… 104
一、牛布鲁氏菌病 ………………………… 104
二、口蹄疫 ………………………………… 105
三、结核病 ………………………………… 106
四、牛流行热 ……………………………… 106
五、牛出血性败血症 ……………………… 107
六、牛猝死症 ……………………………… 109
七、犊牛白痢 ……………………………… 110
八、牛呼吸病综合征 ……………………… 111
九、犊牛新蛔虫病 ………………………… 111
十、新生犊牛窒息 ………………………… 112
十一、犊牛脐炎 …………………………… 113

十二、犊牛下痢 …………………………………… 113
十三、犊牛支气管肺炎 ……………………………… 114
十四、尿素中毒 …………………………………… 114
十五、黄曲霉菌毒素中毒 …………………………… 115
十六、流产 ………………………………………… 116
十七、子宫内膜炎 ………………………………… 116
十八、瘤胃积食 …………………………………… 117
十九、瘤胃臌气 …………………………………… 118
第十二章　规模化肉牛场粪污处理及无害化处理技术 …………………………………………… 120
一、牛粪收集工艺 ………………………………… 120
二、牛粪处理工艺 ………………………………… 121
三、污水处理工艺 ………………………………… 121
四、病死牛处理工艺 ……………………………… 123
五、废弃物治理推荐模式 ………………………… 126

第一章 牛肉生产现状与规模化肉牛场发展

牛肉是我国城乡居民重要的“菜篮子”工程产品。改革开放以来，我国肉牛产业快速发展，牛肉产量持续增长，在肉类总产量中的比重逐步提高，生产布局进一步向优势产区集中，对优化畜牧业产业结构，增加农牧民收入，丰富城乡居民“菜篮子”，促进社会和谐稳定发挥了重要作用。

近年来，随着人口增长和城乡居民消费水平的提高，特别是城镇居民肉类消费结构的变化，牛肉消费持续快速增长，但受生产成本上升、发展方式转型、自然灾害和疫病多发等因素影响，牛肉生产增速减缓，价格连续上涨，部分地区市场供应偏紧。随着我国向小康社会迈进，消费量还将继续保持增长，必须坚持国内基本自给的方针，统筹农区和牧区肉牛产业发展，在充分发挥市场机制作用的基础上，有针对性地加强政策扶持和市场调控力度，着力提高牛肉生产能力。

一、牛肉生产现状

我国是牛肉生产大国，牛肉产量仅次于美国和巴西，居世界第三位。从国内生产情况看，我国牛肉生产水平不断提高，牛肉产量保持稳定增长，优势产区逐渐形成。

（一）总产量稳定增长

改革开放以来，我国牛肉生产快速发展，牛肉产量占肉类总产量比重稳步上升。牛肉产量由 1980 年的 26.9 万吨增加到 2013 年的 673.2 万吨，增长了 24 倍，年均增长 10.25%；占肉类总产量的比重由 1980 年的 2.2%上升到 2013 年的 7.9%，但 2007 年以来受国家生猪生产扶持政策影响，猪肉占肉类总产量的比重上升，牛肉所占比重有所回落。

牛存栏量和出栏量分别由 1980 年的 7 167.6 万头和 332.2 万头，增加到 2013 年的 10 385.1 万头和 4 828.2 万头，牛肉产量由 26.9 万吨增加到 673.2 万吨，增长了 25 倍，年均增长 10.25%；占肉类总产量的比重由 2.2%上升到

7.9%。1980—2013 年全国牛肉产量见表 1-1。

表 1-1　1980—2013 年全国牛肉产量

年份	牛存栏（万头）	牛出栏（万头）	牛肉产量（万吨）	牛肉占肉类比重（%）
1980 年	7 167.6	332.2	26.9	2.2
1985 年	8 682	456.5	46.7	2.4
1990 年	10 288.4	1 088.3	125.6	4.4
1995 年	10 420.1	2 243.0	298.5	7.3
2000 年	12 353.2	3 806.9	513.1	8.5
2001 年	11 809.2	3 794.8	508.6	8.3
2002 年	11 567.8	3 896.2	521.9	8.4
2003 年	11 434.4	4 000.1	542.5	8.4
2004 年	11 235.4	4 101	560.4	8.5
2005 年	10 990.8	4 148.7	568.1	8.2
2006 年	10 465.1	4 222	576.7	8.1
2007 年	10 594.8	4 359.5	613.4	8.9
2008 年	10 576.0	4 446.1	613.2	8.4
2009 年	10 726.5	4 602.2	635.5	8.3
2010 年	10 626.4	4 716.8	653.1	8.2
2011 年	10 360.5	4 670.7	647.5	8.1
2012 年	10 343.4	4 760.9	662.3	7.9
2013 年	10 385.1	4 828.2	673.2	7.9

（二）生产水平逐步提高

牛良种种群扩大，质量提升。在引进国外优良品种的同时，我国加大了国内外品种的杂交改良，成功培育出夏南牛、延黄牛、辽育白牛等肉用新品种。建成了一批国产品种的肉牛原种场、繁育场和种公牛站，加快了良种推广。

2013 年，全国肉牛种公牛存栏 2 921 头，年生产冷冻精液 2 355.77 万剂，分别比 2008 年增长了 30.93%和 39%。

标准化、规模化养殖得到推进。“十一五”以来，规模化养殖推广力度不断加大，提高了肉牛出栏率。2013 年，全国肉牛年出栏 50 头以上规模养殖场的出栏量为 1 318 万头，比 2007 年增加 1 228 万头，增长了 93.2%；肉牛出栏率达 46.7%，比 2006 年提高 8.3%。

（三）生产格局不断调整

我国肉牛生产主要集中在西部八省区（包括内蒙古、四川、云南、西藏、甘肃、青海、宁夏和新疆）、冀鲁豫三省和东北三省，2013 年三个区域牛肉产量分别占全国的 30.4%、29.8%和 19.0%。从生产格局变化看，1985 年以来农区肉牛养殖快速发展，牛肉产量增长 18 倍，占全国比重提高近 20%，西部八省区牛肉产量占全国比重大幅下降。牛肉生产格局变化情况见表 1-2。

表 1-2　牛肉生产格局变化情况

项目		全国	西部八省区	冀鲁豫三省	东北三省
1985 年	牛肉产量（万吨）	46.7	22.8	9.7	2.8
	占全国比重（%）	100	48.8	20.8	6.0
2013 年	牛肉产量（万吨）	673.9	204.6	200.8	127.9
	占全国比重（%）	100	30.4	29.8	19.0

二、牛肉供需形势

近年来，随着人口增长和生活水平的提高，牛肉消费持续增长，局部地区供求偏紧，市场价格持续上涨。从长远看，必须坚持国内基本自给的方针，着力提高牛肉生产能力。虽然目前我国牛肉生产面临的不利因素较多，但是通过转变发展方式，加快科技进步，加大投入力度，促进牛肉生产持续发展、保障市场稳定供给是可以实现的。

（一）牛肉消费需求增加

“十一五”以来，我国牛肉消费需求增长较快。2010 年，我国人均牛肉消费量为 4.87 千克，分别比 2005 年增长 12%，年均增长 2.3%。人均牛肉消费量为世界平均水平的 51%，特别是与欧美发达国家的消费水平差距较大。从今后一段时期看，随着人口增长、居民收入水平提高和城镇化步伐加快，牛肉消费水平总体上仍将继续增长，但增速会有所放缓。考虑到我国居民膳食结构、肉类消费变化、牛肉价格等因素的影响，预计 2015 年全国人均牛肉消费量为 5.19 千克，比 2010 年增加 0.32 千克，年均增长 1.28%。按照 2015 年全国 13.9 亿人口测算，牛肉消费需求总量由 2010 年的 653 万吨增至 721 万吨，增加 68 万吨。2020 年全国人均牛肉消费量为 5.49 千克，比 2015 年增加 0.3 千克，年均增长 1.13%。按照 2020 年全国 14.5 亿人口测算，牛肉消费需求总量由 2015 年的 721 万吨增至 796 万吨，增加 75 万吨（表 1-3）。

表 1-3　2020 年牛肉消费需求预测

	2000 年	2005 年	2010 年	2015 年	2020 年	2010—2015 年年均增长率（%）	2015—2020 年均增长率（%）
牛肉消费总量（万吨）	513	567	653	721	796	2.00	2.00
人均牛肉消费量（千克）	4.04	4.33	4.87	5.19	5.49	1.28	1.13

（二）牛肉价格持续上涨

2007 年下半年，受猪肉价格上涨的拉动，牛肉市场价格出现大幅上涨，12 月牛肉为每千克 27 元，比年初上涨 35%。此后，牛肉价格继续较快上涨。其中，牛肉价格从 2008 年的每千克 33 元涨至 2012 年的每千克 50 元，上涨了 52%。

（三）生产制约因素多

在资源环境约束方面，存在牧区草原退化严重的问题，推行禁牧、休牧、轮牧和草畜平衡制度，转变草原畜牧业发展方式，保护草原生态环境的任务艰巨；农区土地资源紧缺，养殖场和饲草基地建设“用地难”问题突出。在良种繁育方面，我国自主培育的肉牛专用品种少，生产核心种群依赖进口，地方品种选育改良进展滞后、性能退化严重。在母畜存栏方面，母畜养殖周期长、比较效益低，养殖积极性不高，母畜存栏持续下降，已成为制约产业发展的主要瓶颈。“十一五”期间，全国能繁母牛存栏比“十五”期间下降了 10.2%。在生产方式方面，肉牛以分散养殖为主体，2013 年肉牛年出栏 10 头以下的散养比重达 54.9%，规模养殖场大部分设施简陋，标准化生产水平低。在疫病和自然灾害方面，局部地区牛布鲁氏菌病等人畜共患病疫情回升，牧区雪灾、旱灾频繁，牲畜暖棚、饲草料储备库等配套率低，抗灾能力较弱。

（四）后续发展有潜力

尽管当前肉牛生产面临诸多不利因素，但从长远看，发展牛肉生产仍有增长潜力。牛肉消费增加，价格提升，有利于提高养殖效益，吸引越来越多的资本、技术和人才等资源进入牛产业。产业化龙头企业的发展壮大，“公司+合作组织+农户”和“公司+基地”等经营模式的推广普及，有利于提高农户养殖水平和组织化程度，带动牛肉生产增产增效。国家肉牛产业技术体系形成，品种改良、舍饲圈养、饲草料调制、科学育肥等技术推广加强，牛肉生产的科技支撑作用将增强。随着国家综合国力的进一步增强，包括规模化养殖场建设在内的牛肉生产扶持政策力度不断加大，全国特别是西部牧区肉牛生产将加快转型，通过农牧结合、舍饲圈养等措施，促进肉牛生产持续稳定发展。

三、肉牛产业发展技术措施

（一）培育推广优良品种

良种是牛生产发展的基础。加快肉牛高产高效优质新品种培育，立足国内地方品种资源，合理引进国外优良品种，坚持常规育种与现代生物技术相结合，以提高个体生产性能和产品质量为主攻方向，重点培育一批生长速度快、产肉性能高、牛肉品质好的肉牛新品种；加快推进黄牛、牦牛、水牛地方品种遗传改良，加大肉牛人工授精技术推广力度，因地制宜推广发展西门塔尔等乳肉兼用牛，提高优良种畜良种化水平。

（二）提高规模化养殖水平

规模养殖场是稳定牛生产的重要力量。坚持农牧结合，发展肉牛适度规模养殖。通过政策扶持，改善发展规模养殖所需的设施设备，促进农户走规模养殖发展道路，逐步提高规模养殖比重。结合区域特点，总结推广不同地区不同饲养阶段肉牛饲养模式。扶持发展养殖大户、家庭牧场和养殖专业合作组织，提高农牧民的组织化程度。培育壮大产业化龙头企业，大力发展“公司+农户”等生产模式，推进产业化经营。

（三）推广普及先进实用技术

以推行“畜禽良种化、养殖设施化、生产规范化、防疫制度化、粪污处理无害化”为重点，提高肉牛标准化生产水平。推广优质牧草和农作物秸秆利用技术，科学优化牛饲草料结构，提高饲草料利用水平。因地制宜推广肉牛分段式育肥、全混合日粮饲喂，提高饲养效率和效益。

（四）提高基础母畜养殖水平

基础母畜是肉牛产业持续健康发展的重要保障。推行牧区基础母畜舍饲，选留优质母畜，确定合理的母畜淘汰期限，优化畜群结构。加强纯种选育和杂交改良，积极推广优质种公牛冻精技术，提高基础母畜性能。推广全价配合饲料饲喂和提前配种、犊牛早期断奶等技术，缩短产犊间隔，提高母牛利用效率和架子牛供应能力。

（五）加强疫病防控和防灾能力建设

强化牛布鲁氏菌病、结核病、包虫病等重大动物疫病的防控，加大投入力度，加强牧区能繁母牛暖棚、防灾饲草储备设施、防暑降温牛舍等的建设，最大限度地减少疫病和自然灾害对生产造成的损失。

四、我国肉牛产业区域布局

综合考虑各地区饲草料资源状况、生产基础、屠宰加工和区位优势等，加快发展冀鲁豫三省和东北三省肉牛生产，稳定发展西部八省区肉牛生产，兼顾发展其他地区。

（一）冀鲁豫三省

冀鲁豫三省是我国肉牛主要产区，2000 年以来牛肉产量占全国比重一直保持在 30%以上。该区域农作物秸秆资源丰富，约占全国总量的 1/3，饲料资源基础较好，品种以鲁西牛、南阳牛等地方品种及中国西门塔尔牛、夏南牛等培育品种为代表，养殖模式以舍饲圈养为主，是我国规模化集中育肥的主要区域。该区域紧邻“京津”和“长三角”的大城市消费市场，屠宰加工企业多、现代化程度高。主要制约因素是，能繁母牛养殖数量下降快，地方优良品种群体规模严重萎缩，饲草料资源利用效率低。2006—2013 年冀鲁豫三省肉牛生产情况见表 1-4。

表 1-4　2006—2013 年冀鲁豫三省肉牛生产情况

年份	存栏（万头）	存栏占全国比重（%）	出栏（万头）	出栏占全国比重（%）	产量（万吨）	产量占全国比重（%）	规模比例	比全国水平
2006 年	3 158.8	23	1 913.3	34	280.4	37	9.9	−5.9
2007 年	2 076.5	20	1 357.0	31	209.1	34	14.1	−1.8
2008 年	2 022.5	19	1 372.3	31	211.6	35	20.8	+1.3
2009 年	1 959.4	18	1 358.4	30	208.9	33	21.3	−0.5
2010 年	1 898.1	18	1 362.5	29	209.8	32	24.8	+1.6
2011 年	1 848.2	18	1 317.4	28	202.7	31	26.2	+1.6
2012 年	1 810.6	18	1 312.2	28	202.7	31	27.7	+1.54
2013 年	1 795.9	17	1 304.2	27	200.8	30	25.9	−1.8

注：由于 2006 年省统计数据未根据第二次全国农业普查结果做相应调整，本表 2006 年全国数据采用未调整数据。

冀鲁豫三省的主要任务是大力发展肉牛标准化规模养殖，推行能繁母牛适度规模繁育。以鲁西牛、南阳牛、夏南牛和西门塔尔牛等品种为主，支持原良种场建设，加大品种改良力度，推广人工授精技术，提高个体单产水平。加强青贮、黄贮饲料设施建设，提高农作物秸秆利用率。扶持大型加工龙头企业，鼓励发展“公司+基地+农户”和养殖专业合作社等多种经营模式。推行农牧结合，配套建设有机肥生产等粪污处理设施，实现粪污资源化利用。

该区域要巩固传统优势，扭转能繁母牛存栏下滑趋势，稳步提高牛肉产量，注重提高产品品质，满足周边地区大中城市消费需求。

（二）西部八省区

西部八省区是我国传统的肉牛产区，2007 年以来牛肉产量占全国比重一直保持在 30%左右。该区品种以秦川牛、西藏牛、麦洼牦牛、青海高原牦牛等地方品种及中国西门塔尔牛、新疆褐牛、三河牛、大通牦牛等培育品种为代表。肉牛养殖模式包括三种，牧区主要采取放牧、“放牧+补饲”的养殖方式，为其他地区提供架子牛，但由于草原普遍超载过牧，肉牛良种化程度不高，生产效率低；半农半牧区主要采取舍饲、半舍饲的养殖方式；农区农作物秸秆资源丰富，但育肥发展滞后，屠宰加工水平不高。2006—2013 年西部八省区肉牛生产情况见表 1-5。

该区域主要任务是以秦川牛、新疆褐牛、西门塔尔牛和牦牛为重点，积极发展特色肉牛产业。在牧区，以饲养能繁母牛为主，提高母牛群体比重，充分发挥架子牛繁育区作用；因地制宜开展人工种草，减少天然草原载畜量，建设饲草料储备和防灾减灾设施，稳定生产能力。在半农半牧区，充分利用农区农作物秸秆资源丰富和牧区优质饲草、生产成本低廉的优势，适度扩大人工种草面积，推广专业化育肥，提高生产水平。在农区，加大农作物秸秆高效利用，提高饲草料利用率，承接牧区架子牛育肥，培育发展屠宰加工企业。

表 1-5　2006—2013 年西部八省区肉牛生产情况

年份	存栏		出栏		产量		规模比例	
	（万头）	占全国比重（%）	（万头）	占全国比重（%）	（万吨）	占全国比重（%）		比全国水平
2006 年	4 642.4	33	1 407.6	25	171.9	23	13.8	-0.2
2007 年	4 281.6	40	1 314.6	30	173.9	28	12.7	-3.2
2008 年	4 324.2	41	1 363.5	31	173.4	28	11.5	-8.0
2009 年	4 340.8	40	1 425.1	31	182.9	29	13.6	-8.2
2010 年	4 304.2	41	1 479.3	31	191.3	29	14.4	-8.8
2011 年	4 249.6	41	1 467.3	31	190.2	29	16.2	-8.4
2012 年	4 649.3	45	1 518.8	32	197.9	30	15.4	-8.8
2013 年	4 261.6	41	1 554.3	32	204.6	30	15.6	-8.5

（三）东北三省

2007 年以来，东北三省牛肉产量占全国的 20%左右，区域内饲草料资源丰富，品种以延边牛、复州牛等地方品种及中国西门塔尔牛、延黄牛、辽育白牛等培育品种为代表，规模养殖程度较高，良种繁育和推广体系比较健全，肉牛改良起步较早，成效显著。主要制约因素是，缺少龙头企业带动，秸秆等饲草料资源没有得到充分利用，饲养技术水平落后，能繁母牛饲养量逐年下降。

该地区主要任务是发挥粮食主产区玉米和农作物秸秆资源丰富的优势，加强主导品种选育和改良，发展集约化养殖，全面推广秸秆青贮、专业化育肥等技术，做大做强龙头企业，强化品牌创建。肉牛生产以满足当地居民消费需求为主，适当兼顾周边大城市消费。到 2015 年，牛肉产量达 145 万吨，到 2020 年，牛肉产量预计达 170 万吨，占全国比重的 22%。肉牛规模养殖比例由 2011 年的 38.5%提高到 2020 年的 55%。2006—2011 年东北三省肉牛生产情况见表 1-6。

表 1-6　2006—2011 年东北三省肉牛生产情况

年份	存栏（万头）	存栏占全国比重（%）	出栏（万头）	出栏占全国比重（%）	产量（万吨）	产量占全国比重（%）	规模比例（%）	规模比例比全国水平（%）
2006 年	1 513.0	11	894.5	16	129.7	17	31.8	17.8
2007 年	1 395.0	13	795.0	18	119.0	19	37.7	21.8
2008 年	1 304.9	12	736.0	17	110.3	18	35.3	15.8
2009 年	1 361.9	13	791.7	17	118.8	19	36.1	14.3
2010 年	1 356.2	13	824.6	17	123.9	19	37.4	14.2
2011 年	1 313.7	13	829.0	18	124.7	19	38.5	14.0

重点区域肉牛生产发展目标见表 1-7。

表 1-7　重点区域肉牛生产发展目标

	2011 年	2015 年	2020 年	2020 年占全国比例（%）	2011—2020 年年均增长率（%）
全国牛肉产量（万吨）	648	717	786		2.2
冀鲁豫三省	203	240	280	36	3.6
西部八省区	190	200	215	27	1.4
东北三省	125	145	170	22	3.5
规模化养殖水平（%）					
冀鲁豫三省	26.2	35	45		2.1
西部八省区	16.2	20	25		1
东北三省	38.5	45	55		1.8

除了以上三个主要区域，其他地区牛肉生产主要集中在安徽、湖北、湖

南、广西、重庆、贵州等省区，牛肉产量占全国的20%左右。今后要加快草地改良，充分开发利用草山草坡资源，加强品种保护和利用，推广标准化规模养殖，肉牛生产以满足当地居民消费需求为主。

五、河南省规模化肉牛发展优势及路径分析

河南省人口众多，耕地广阔，是我国农业大省，也是全国第一肉牛生产大省，比较优势明显，市场需求量大，有广阔的发展前景，在已经公布的《全国牛羊肉生产发展规划（2013—2020 年）》中，被列入了全国三个牛肉生产优势区域规划布局中。但也存在繁育母牛不足、规模化养殖程度低，加工发展相对滞后，整体产业基础不牢，不能满足市场总需求等问题。如何发展肉牛产业，成为当前河南省畜牧业发展的一个焦点。

（一）河南省规模化肉牛发展现状及优势

河南省是传统肉牛优势产区，是全国中原肉牛带的重要组成部分。近年来，河南省以牛的品种资源及饲草饲料资源开发为基础，以发展肉牛标准化规模养殖为重点，以加工龙头企业为支撑，推动全省肉牛产业不断转型升级。

1. 肉牛饲养基本情况 多年来，河南省肉牛生产一直处于全国领先地位。2013 年，全省肉牛存栏 905.1 万头，出栏 535.5 万头，牛肉产量 80.6 万吨，牛肉产量占全国总产量的 12.1%，肉牛饲养量连续 6 年居全国第一，连续 30 余年居全国前列。肉牛养殖规模化程度进一步提升。2013 年，全省年出栏 500 头以上肉牛场 694 个，其中年出栏 1000 头以上 199 个，同比增长 11.1%（表 1-8）。

表 1-8 2005 年以来河南省牛饲养量及牛肉产量

年份	年末存栏头数（万头）	年出栏头数（万头）	饲养量（万头）	牛肉产量（万吨）	平均个体产肉量（千克/头）
2005 年	1447.0	702.6	2149.6	102.8	146.2
2006 年	1496.2	755.1	2251.1	109.9	145.5
2007 年	1030.8	547.5	1578.3	82.1	150.0
2008 年	1051.0	560.0	1611.0	84.1	150.2
2009 年	1044.7	559.3	1604.0	84.0	150.1
2010 年	1010.2	551.9	1562.1	83.0	150.4
2011 年	955.0	545.0	1500.0	82.0	150.5
2012 年	908.2	534.6	1442.8	80.4	150.4
2013 年	905.1	535.5	1440.6	80.6	150.5

2. 散养户急剧减少，规模饲养比例不断提升 随着现代畜牧产业快速发

展，肉牛散养户数量急剧减少，规模养殖比重不断提升。与 2010 年相比，2013 年全省年出栏 1~9 头的散养户数量减少了 19.1 万户，下降了 12.9%。但散养户的年出栏头数却只降低了 4.3%，说明散养户的养殖规模也在不断扩大；尤其是中小型养殖规模表现得更为明显，如年出栏 10~49 头养殖场户 2013 年比 2010 年增加了 5 062 户，增长幅度达 38.1%，年出栏数量增长了 66.9%，说明小规模户的养殖规模也在不断扩大（表 1-9）。

表 1-9　河南省肉牛饲养规模情况（2012 年）

指标名称	2010 年		2011 年		2012 年		2013 年	
	场（户）数	出栏数（头）	场（户）数	年出栏数（头）	场（户）数	年出栏数（头）	场（户）数	年出栏数（头）
年出栏数 1~9 头	1 478 349	4 706 103	1 349 905	4 532 072	1 293 444	4 496 982	1 287 396	4 499 925
年出栏数 10~49 头	13 276	324 640	17 984	518 951	19 726	559 496	18 338	541 925
年出栏数 50~99 头	3 724	252 475	3 204	216 956	3 257	214 918	3 077	205 655
年出栏数 100~499 头	2 731	562 673	2 498	515 302	2 627	532 461	2 614	540 970
年出栏数 500~999 头	503	321 033	515	327 315	520	320 994	495	312 543
年出栏数 1 000 头以上	186	295 768	175	280 427	179	286 296	199	327 568

3. 牛加工业发展迅速　近年来，河南省肉牛产品质量和市场知名度不断提高，养殖效益上在国内均具有较强竞争力。但是，目前河南省肉牛加工发展相对滞后，带动力弱，养殖优势还没有转化为产业优势。与生猪和肉禽加工业相比，河南省肉牛产业体系不完善，牛肉产品加工龙头企业少、名牌产品少、精深加工产品少，产业链条短，营销网络不健全，产销衔接不紧密，外向程度低。大部分养牛户生产的肉牛主要是整牛销售和经过简单宰杀处理后供应外地市，加工产业增值效益低。然而近年来，随着开封皓月、南阳科尔沁、泌阳恒都、焦作伊赛、三门峡尚正等一批现代肉牛加工企业的崛起，扭转了河南省过去以活牛销售和简单宰杀处理后供应市场的局面，开始转向高档肉牛生产和精深产品加工，成为拉动河南省肉牛产业转型升级的重要力量。其中南阳科尔沁公司年屠宰加工能力 10 万头，开封皓月年屠宰加工能力 20 万头，泌阳恒都公司年屠宰加工能力 15 万头，焦作伊赛年屠宰加工能力 10 万头，河南珍源年屠宰加工能力 5 万头。河南

省规模以上加工龙头企业年屠宰加工能力达到90万头。

4. 肉牛销售价格情况 近年来，河南省肉牛养殖形势稳定，效益可观。2008年河南省肉牛头均净利润为1 445元，比河北省高461元，比全国平均水平高340元；头均生产成本为3 539元，比河北省低2 307元，比全国平均水平低773元。但是2009年受金融危机影响，全省消费量和出口量下降，牛皮价格下跌，导致1~6月出栏成牛的价格呈小幅下降走势，养牛的利润明显降低，5~6月价格最低（13.2元/千克），肉牛行情出现了低谷。2009年7月后价格开始小幅回升，最高稳定在15.2元/千克，利润每头800~1 000元。

一路攀高的架子牛及养殖成本，使得目前的肉牛出栏售价必须在26元/千克以上才有利润，但是自2013年第四季度以来，省内的肉牛市场收购价始终徘徊在24~25元/千克，远低于2012年同期的28元/千克。但自繁自养规模牛场仍然具有稳定的效益。

随着人口增长、居民收入水平的提高及城镇化步伐的加快，目前我国人均牛肉消费量4.3千克，只是世界平均水平的1/5，在2020年将会达到5.6千克，牛肉消费需求总量达到800万吨以上，比2013年增加135万吨。市场价格预期良好。

5. 秸秆饲料化利用水平进一步提升 河南省年产可饲用秸秆8 600万吨，牛羊年利用2 400万吨，饲用率达28%，居全国前列。秸秆青贮、氨化、微贮技术和全日粮混合技术在肉牛生产中进一步推广应用，全省年青贮秸秆1 220万吨（干重），氨化微贮秸秆666万吨，秸秆饲料化利用水平进一步提升。

（二）存在问题及原因分析

当前河南省肉牛产业长期面临着养殖效益低、养殖数量萎缩等问题。随着省内农村经济结构的变化，肉牛业的发展出现了新的变化，肉牛产业正由千家万户分散饲养为主，转变为向中小规模育肥场集中育肥方向发展，目前规模养殖发展速度赶不上散养数量下降速度，加上母牛饲养量大幅下降，非专业养牛户大幅减少，造成了整个肉牛产业的持续下滑。之所以出现这些问题，主要是由母牛数量减少、育肥牛源不足、养殖成本增加、产销衔接不紧、牛肉走私和私屠乱宰干扰市场等原因所致。

1. 母牛养殖数量减少，育肥牛源不足 目前，河南省母牛自繁自养能力不足，数量持续减少，育肥架子牛主要来源于东北三省、内蒙古和新疆等省（区）。据统计，2013年河南省肉牛能繁母牛为531.8万头，比2007年下降156.7万头。母牛数量减少的主要原因是繁育周期长、成本高、比较效益低。母牛从出生到繁殖出小牛犊需要3.8年时间，此后约13个月产1头牛犊，因此，2012年以前谁养母牛谁赔钱。尽管近两年犊牛价格有所上涨，母牛养殖效益有所改观，但比较效益依然偏低。目前养1头成年母牛繁育1胎犊牛（16

个月，犊牛6~8个月出售）可获利4 000~5 000元，与奶牛相比，肉牛母牛养殖利润偏低。

2. 牛肉价格不能合理反映实际生产成本和利润 近10年来，我国牛肉价格一直上涨，目前价格比2010年提高一倍，达到60元/千克，给人感觉牛肉价格偏高，而事实上牛肉价格高主要是因为肉牛产业链各个环节生产成本推高所致。牛肉属于高档消费食品，发达国家牛肉与猪肉的价格比为（3.4~3.5）：1，目前河南省为2. 87：1，牛肉价格比远低于发达国家牛肉与猪肉的价格比，还有一定的上涨空间。

3. 肉牛规模养殖比例较低，产业衔接不紧密 目前河南省肉牛散养规模仍占70%左右，传统粗放型饲养模式没有得到根本改变。虽然屠宰加工能力不断增强，但大多数肉牛加工企业没有自建养殖基地，或自建养殖基地不能满足自身屠宰加工生产需要，如焦作伊赛公司自建育肥牛生产基地，仅能满足自身屠宰加工能力的10%左右；泌阳恒都公司自建的育肥基地，虽然年出栏6万头，但也仅能满足屠宰加工能力的30%，其余缺口由散养户和规模育肥场提供。散养户和规模场主要收购社会上的架子牛进行育肥，受牛源供应的影响，育肥牛数量不稳定，很难与屠宰加工企业建立持续稳定的供销关系，加工企业难以正常开展生产。而屠宰加工企业的非正常运转，反过来又影响育肥牛生产规模和收购价格，打击了育肥牛场积极性。这种恶性循环，大大降低了肉牛产业抵御市场风险的能力。

（三）推动河南省肉牛产业发展的路径与建议

1. 加大政府扶持力度 政府制定实施相关优惠政策，采取政策性奖励机制，鼓励、引导农户和企业标准化、规模化肉牛养殖。设立基础母牛专项补贴资金，探索良种能繁母牛补偿运行新机制，建立良种母牛养殖补贴制度。同时加大资金整合投入力度，建立长期稳定的公共财政投资渠道，扶持肉牛产业，各级政府要进一步落实国家和省内出台的促进肉牛业发展的各项政策，逐步建立健全财政扶持项目区建设资金的稳定增长机制。各级畜牧部门要积极向上争取肉牛产业发展资金，并在条件允许的情况下对资金进行有效整合，集中力量解决肉牛产业发展中的大事和难事。抓好肉牛产业的招商引资工作，出台优惠政策，吸引有识之士和社会闲散资金投资，帮助肉牛养殖户、养殖企业、加工企业解决生产发展中存在的资金不足等问题。

2. 围绕肉牛加工建基地，加快完善肉牛产业链条 实现肉牛产业链式发展，是振兴河南省肉牛产业的关键。重点扶持南阳科尔沁、开封皓月、焦作伊赛、泌阳恒都、洛阳伊众、南乐福润、平顶山古尔巴尼、卫辉世魁、漯河中原祥基等肉牛龙头企业，加快培育肉牛规模化养殖基地，大力发展规模养殖，走“全链条、全循环、高质量、高效益”的路子，不断完善产业链条，提高肉牛产业化水平。

3. 提高科技研发推广服务水平　科技与服务是推进河南省肉牛产业发展、提高产业竞争力的金钥匙和助推剂。大力发展标准化、规模化养殖和各种类型的健康养殖模式、生态养殖模式等，积极发展“畜—沼—农”大农业一体化循环经济模式，切实转变传统落后的饲养方式，提高肉牛养殖水平，实现肉牛产业健康科学发展。加强和完善肉牛繁殖改良服务体系建设，加强技术培训力度，全面提升技术服务能力和水平。建立和完善省、市、县三级专业培训平台，加强技术员、繁育员、饲养管理人员的技术培训，在养牛的重点县、市增设养牛技术推广员，保证新技术、新成果的推广和应用，提高肉牛现代化饲养和科学管理水平。

4. 完善育肥牛收购等级标准，提高优质育肥牛的收购价格　建议屠宰加工企业除了现有的体重和屠宰率两个指标外，还要将年龄、性别、品种、繁殖状态、育肥度等因素纳入育肥牛的计价体系，制定完善的育肥牛收购等级标准，执行育肥牛收购优质优价制度，扩大优质牛源，提高产品质量。

5. 规模肉牛养殖必须解决融资难问题　规模肉牛养殖的资金投入大，且生产周期较长，为了解决融资难问题，政府需建立长期稳定的公共财政投资渠道，扶持肉牛产业，各级政府要进一步落实国家和省出台的促进肉牛业发展的各项政策，逐步建立健全财政扶持项目区建设资金的稳定增长机制。抓好肉牛产业的招商引资工作，出台优惠政策，吸引有识之士和社会闲散资金投资，帮助肉牛养殖户、养殖企业、加工企业解决生产发展中的资金不足问题。在肉牛基地建设上，鼓励规模育肥场、小区和大户的发展，推进肉牛规模化饲养，引导养牛户由兼营兼业和小规模分散饲养向专业化、规模化、标准化生产方向转变。

第二章　肉牛品种及其生活习性

一、我国的主要肉牛品种

我国劳动人民在长期的生产劳动中培育出了许多优良役用牛品种，这些品种除役用性能十分优良外，产肉性能也较好。随着我国农业机械化程度不断提高，以役用为主要饲养目的的黄牛，已逐渐转为肉用。随着商品经济的发展和人民对牛肉需求的不断增加，发展肉牛生产是刻不容缓的事业。传统的黄牛是发展我国肉牛新种的重要种质资源。

（一）南阳黄牛

南阳牛是我国著名的地方良种牛，具有体格高大，腿长、行走速度快，适应性强，耐粗饲等特点。

1. 原产地　产于我国河南省西南部的南阳地区，分山地牛和平原牛两种。山地牛多分布于伏牛山南北及桐柏山附近的新野、泌阳、方城等县；平原牛主要产于唐河、白河流域广大平原地区。以南阳市郊区、邓州、新野等地的牛最为著名。

1977 年南阳牛选育的研究正式列入国家计划，1981 年国家标准局颁发了新国标《GB/T 2415—2008》《GBT 2415—1981 南阳牛》，有计划的选育工作促进了南阳牛的进一步发展和质量的提高。

2. 饲养管理　当地群众在长期的养牛实践中积累了宝贵而丰富的经验。南阳牛以舍饲为主，饲喂以豆类为主的混合精料，群众素有用豆类磨浆喂牛的习惯；饲草除秸秆、豆荚、藤秧等外，还喂青绿饲料，实行多种饲料搭配。精饲料有豆类、玉米、棉籽饼、麸皮等。当地群众多采用“头和草，二和料，最后麸子要拌到，盐水不可少”的科学饲养方法。

3. 体形外貌　南阳牛体格高大，结构坚实，肌肉丰满，发育匀称，胸部宽深，背腰平直，肢势正直，蹄形圆大，行动敏捷。公牛头部方正雄壮，颈短粗，肩峰高耸隆起 8~9 厘米，肩胛骨斜长，前躯比较发达，睾丸发育对称。母牛牛头清秀。一般中躯发育良好。毛色多为黄红、黄、米黄、草白等色。蹄壳以琥珀色、蜡黄色较多。

南阳黄牛在我国地方良种黄牛中是属大型的，见表2-1。

表2-1 成年南阳黄牛的平均量度

性别	体高（厘米）	体长（厘米）	胸围（厘米）	管围（厘米）	体重（千克）
公	144.9	159.8	199.5	20.4	616.9
母	126.3	139.4	169.2	16.7	411.9
阉	140.4	153.9	190.4	20.2	570.3

4. 生产性能 南阳牛有较好的役用性能，耐力强，步伐快。载重1 000~1 500千克，日行30~40千米。经过多年培育，南阳黄牛逐渐成为体躯大、耐粗饲、品质优、数量多、役肉用的优秀地方品牌。

（二）晋南牛

1. 原产地 产于山西省西南部汾河下游的晋南盆地，分布于万荣、河津、临猗、永济、运城、夏县、闻喜，以及临汾市的侯马、襄汾等地。据《中国牛品种志》记载，现有晋南牛30余万头。

2. 饲养管理 当地农作物以棉花、小麦为主，其次为豌豆、大麦、谷子、玉米、花生和薯类等，晋南牛产地素有“山西粮仓”之称。群众习惯种植苜蓿、豌豆等豆科作物，棉、麦倒茬轮作以提高地力，为家畜提供了大量的优质饲草及放牧地。当地尚有独特的调制饲草的方法，即把青苜蓿和小麦秸分层铺在场上碾压，使苜蓿的汁液被麦秸充分吸收，晾干后作为黄牛枯草期的粗料。

3. 体形外貌 晋南牛属大型役肉兼用品种。体躯高大结实。公牛头中等长，垂皮比较发达，前胸宽阔，肩峰不明显，臀端较窄；蹄大而圆；母牛头部清秀，乳房发育较差，乳头小。毛色以枣红为主，鼻镜粉红色。成年晋南牛的平均量度见表2-2。

表2-2 成年晋南牛的平均量度

性别	体高（厘米）	体长（厘米）	胸围（厘米）	管围（厘米）	体重（千克）
公	138.6	173.3	201.3	21.5	650.2
母	124.7	147.5	167.3	16.5	382.3

4. 生产性能 具有良好的役用性能，行进间最大载重量达体重的55%，晚熟，成年犍牛育肥后屠宰率52.32%，净肉率43.41%，是向肉役兼用方向选育有发展前途的地方良种。

（三）郏县红牛

1. 原产地 郏县红牛原产于河南省郏县，是我国著名的役肉兼用型地方优良黄牛品种，其毛色多呈红色，故而得名。主产于郏县、宝丰、鲁山三县，分布于毗邻的10余个县（市、区），是我国八大良种黄牛品种之一。郏县红牛具有体格大，体质结实，结构匀称，肌肉丰满，耐粗饲，适应性强，肉质细嫩，遗传性稳定等特点，是发展肉牛产业和培育优良肉牛品种不可多得的宝贵资源。1983年被列入河南优良畜禽品种志，2006年被列入农业部《国家级畜禽遗传资源保护名录》。

2. 饲养管理 产区地处暖温带南部，气候温和，河流纵横，水草丰盛，天然牧草种类繁多，除大部分为禾本科外，尚有野苜蓿、野豌豆等豆科牧草，为养牛提供了良好的放牧条件。农业生产发达，作物种类多，饲料来源广。

3. 体形外貌 郏县红牛体格中等大小，结构匀称，体质强健，骨骼坚实，肌肉发达。后躯发育较好，侧观呈长方形，具有役肉兼用牛的体形，头方正，臀宽，嘴齐，眼大有神，耳大且灵敏，鼻孔大，鼻镜肉红色，角短质细，角型不一。被毛细短，富有光泽，分紫红、红、浅红三种毛色。公牛颈稍短，背腰平直，结合良好。四肢粗壮，尻长稍斜，睾丸对称，发育良好。母牛头部清秀，体形偏低，腹大而不下垂，鬐甲较低且略薄，乳腺发育良好，肩长而斜。

4. 生产性能 郏县红牛体格大，肌肉发达，骨骼粗壮，健壮有力，役用能力较强，是山区农业生产上的主要动力。据测定，阉牛的最大挽力为421.6千克，公牛为409千克，母牛为317.4千克；一对中型成年阉牛一天可耕地3~4亩，载重2000千克，日行30千米。郏县红牛肉质细嫩，肉的大理石纹明显，色泽鲜红。据测定，其熟肉率为59.5%。据对10头20~23月龄阉牛肥育后屠宰测定，平均胴体重为176.75千克，平均屠宰率为57.57%，平均净肉重136.6千克，净肉率44.82%。成年郏县红牛的平均量度见表2-3。

表2-3 成年郏县红牛的平均量度

性别	体高（厘米）	体长（厘米）	胸围（厘米）	管围（厘米）	体重（千克）
公	126.1±7.0	138.1±6.2	173.7±11.8	18.1±1.2	425.0±64.5
母	121.2±6.2	132.8±7.2	161.5±7.8	16.8±1.2	364.6±47.2

（四）秦川牛

秦川牛体躯高大结实，役用能力强，肉用价值高，是我国优良黄牛品种之一。

1. 原产地 秦川牛主要产于秦岭以北、渭河流域的陕西关中平原。因“八百里秦川”而得名，总数约70万头。秦川牛以咸阳、兴平、武功、乾县（南部）、礼泉等地所产的最为著名。

2. 饲养管理 秦川牛是我国劳动人民经过严格选种、辛勤培育而成的。关中平原的劳动人民很重视牛的饲养管理，对犊牛常喂苜蓿草，使牛只体格发育健壮。成年牛终年舍饲，牛舍经常保持清洁干燥，饲养管理细致；农忙时日饲喂3次，日饮水4~6次，粗饲料以苜蓿和麦秸为主，精饲料有麦麸、大麦、榨油副产品、豌豆等；农闲时日饲喂2次，饮水3次，粗饲料主要为麦秸及少量的豆荚、豆蔓或甘薯藤等。

3. 体形外貌 秦川牛属大型牛，骨骼粗壮，肌肉丰厚，体质强健，头部方正，前躯发育良好，具有役肉兼用牛的体形。被毛细致而有光泽，多为紫红色及红色。母牛头部清秀，眼圆大，口方，面平，鼻镜宽大呈粉红色。角细致而短，向外或向后稍弯曲，呈肉色或近似棕色。颈颧部较短，厚度适中，公牛颈上部隆起，鬐甲高而厚，垂肉发达。肩部长斜，背腰长短适中，一般较平直。胸部宽深，公牛胸部发达，肋骨长而开张。腹围围大。荐骨稍隆起，尻长短适中，一般多为斜尻，臀端略狭，四肢粗壮，蹄形圆大，蹄质坚实，多为紫红色，也有黑色的，蹄叉很紧。

4. 生产性能 经肥育的秦川牛肌间脂肪含量较高，有明显的大理石纹，肉质细嫩多汁。经肥育的18月龄秦川牛的公牛、母牛、阉牛活重分别为436.9千克、365.6千克、409.8千克，平均屠宰率为58.3%，净肉率为50.5%，胴体产肉率为86.65%，肉骨比为6.13，眼肌面积为97.0平方厘米。

成年秦川牛的平均量度见表2-4。

表2-4 秦川牛的平均量度

性别	体高（厘米）	体长（厘米）	胸围（厘米）	管围（厘米）	体重（千克）
公牛	141.4	160.4	200.4	22.4	594.5
母牛	124.5	140.3	170.8	16.8	381.3

秦川牛体躯高大，肉用性能好，遗传性稳定，是我国著名的役肉兼用地方黄牛品种之一。今后该牛应坚持品种选育，改善其尻部尖斜、大腿肌肉不丰满等外形缺陷，提高产肉性能，向肉役用方向发展。

（五）鲁西黄牛

1. 原产地 产于山东省西部，黄河以南，东至运河两岸的三角地带。其中以山东省的菏泽、济宁两地为中心产区。鲁南地区、河南东部、河北南部、江苏和安徽北部也有分布，目前产区约有鲁西黄牛40万头。

2. 饲养管理 当地多利用甘薯藤、豆叶、豆荚、高粱叶、花生秧等铡细混合，制成黄草喂牛，既提高了适口性，营养又较全面。当地为大豆产区，多以豆料喂牛，多以大豆浸泡后磨成豆沫子喂膘牛的方法，供给牛较丰富的蛋白质，为鲁西黄牛的形成提供了充足的物质条件。

3. 体形外貌 鲁西黄牛体躯高大而略短，骨骼细，肌肉发达，前躯较深宽，背腰宽平，侧望似长方形，具有肉牛的体形。被毛以红黄色、淡黄色较多，草黄色次之，少数小型山地牛以黑、褐等杂色。

4. 分类 鲁西黄牛按体格大小可分为高辕牛、抓地虎、中间型三类。高辕牛：为大型牛，头数较多；四肢较长，胸围较小，行走较快。抓地虎：个体较矮，体躯粗而长，四肢粗短，胸广深，肌肉丰满，侧视呈长方形，屠宰率高。中间型：体态与外貌介于高辕牛及抓地虎之间。这一类型的牛数目最多，占鲁西牛的44%。

这三种类型鲁西黄牛的公牛，头短而宽，鼻骨稍隆起，角较粗；颈短而粗呈弓形，颈下肉垂大；鬐甲高，前躯发达。母牛头稍窄而长，颈细长，肉垂小，鬐甲平，后躯宽阔。一般背、腰、尻部平直，肌肉发达。蹄大而圆，蹄间吻合较好，蹄、角多为棕色和白色。

5. 生产性能 鲁西黄牛对粗饲料的利用能力强，肥育性能好，肉质细嫩，肌纤维间脂肪沉着性良好，呈大理石状。经肥育后屠宰率为55%，净肉率为45%。成年鲁西黄牛的平均量度见表2-5。

表2-5 成年鲁西黄牛的平均量度

性别	体高（厘米）	体长（厘米）	胸围（厘米）	管围（厘米）	体重（千克）
公	146.3	160.9	206.4	21.0	644.4
母	123.6	138.3	168.0	16.2	365.7

鲁西黄牛是我国著名的役肉兼用品种，以肉质良好而著称。选育方向今后应以肉役兼用或乳用为主，以满足国内外市场的需要。

（六）蒙古牛

1. 原产地 蒙古牛原产于蒙古高原地区，广布于内蒙古、黑龙江、新疆、河北、山西、陕西、宁夏、甘肃、青海、吉林、辽宁等省、自治区。在内蒙古，主要分布在锡林郭勒、昭乌达、哲里木、兴安，即分布在湿润度在27%以上的干草原地区；在新疆，蒙古牛数量也多，主要分布在巴音郭楞蒙古自治州和阿克苏地区等地；在黑龙江，主要分布在嫩江、绥化和松花江的部分地区；在甘肃、青海、宁夏等省、自治区分布亦广。

2. 饲养管理 蒙古牛广泛分布于我国北方各省，终年放牧，既无棚圈，也无草料补饲，夏季在蒙古包周围，冬季在防风避雪的地方卧盘，有的地方积雪期长达150多天，最低温度-50 ℃以下，最高温度35 ℃以上。在这样粗放而原始的饲养管理条件下，它仍能繁殖后代，特别是每年三四月，牲畜体质非常瘦弱，可是当春末青草萌发，一旦吃饱青草，约有两个月的时间，就能膘满肉肥，很快脱掉冬毛。蒙古牛是我国北方优良牛种之一。它具有乳肉役多种用途，适应寒冷的气候和草原放牧等生态条件。它耐粗宜牧，抓膘易肥，适应性强，抗病力强，肉的品质好，生产潜力大，应当作为我国牧区优良品种资源加以保护。

3. 体形外貌及生产性能　蒙古牛成年公牛的体高、体斜长、胸围、管围、胸深分别为：120.9 厘米、137.7 厘米、169.5 厘米、17.8 厘米，70.1 厘米，成年母牛分别为：110.8 厘米、127.6 厘米、154.3 厘米、15.4 厘米、60.2 厘米。母牛平均日产乳量 6 千克左右，最高日产乳量 8.16 千克。平均乳脂率为 5.22%，最高者达 9%，最低为 3.1%。乳脂率随季节、月份而有变化，一般在 5 月以后乳脂率开始下降，6~7 月最低，8 月以后又开始回升。中等营养水平的阉牛平均宰前重（376.9±43.7）千克，屠宰率为（53.0±28）%，净肉率（44.6±2.9）%，骨肉比为 1∶(5.2±0.5)，眼肌面积（56.0±7.9）平方厘米。肌肉中粗脂肪含量高达 43.0%。蒙古牛役用能力较大且持久力强，能吃苦耐劳。

蒙古牛皮肤较厚，富有韧性，皮下结缔组织较发达。被毛由发毛与绒毛混合构成，随季节更替而出现周期性脱毛。成年蒙古牛的平均量度见表 2-6。

表 2-6　成年蒙古牛的平均量度

植被类型	体高（厘米）	体长（厘米）	胸围（厘米）	管围（厘米）	体重（千克）
森林草原	122.7	142.9	172.0	17.2	269~518
典型草原	112.6	134.4	167.1	15.9	285~350
半荒漠	109.1	125.7	156.5	14.8	291~320

蒙古牛的一般体重为 300~400 千克。母牛体重 280~380 千克，初生犊牛 15 千克。

蒙古牛体质结实，适宜放牧，抗病能力强，是我国罕见的耐寒、耐旱的牛品种之一。20 世纪 60 年代以后，北方地区通过以蒙古牛为基础将草原红牛和科尔沁乳牛培育成乳肉兼用的新类型，从而提高了经济效益。

（七）延边牛

1. 原产地　延边牛是东北地区优良地方牛种之一。延边牛产于东北三省东部的狭长地带，分布于吉林省延边朝鲜族自治州的延吉、和龙、汪清、珲春及毗邻各县；黑龙江省的宁安、海林、东宁、林口 、汤原、桦南、桦川、依兰、勃利、五常、尚志、延寿、通河，辽宁省宽甸县及沿鸭江一带。

2. 饲养管理　延边地区土地肥沃，农业生产较发达，农副产品丰富，天然草场广阔，草种繁多，并有大量的林间牧地，水草丰美，气候相宜，有利于养牛业的发展。朝鲜族素有养牛习惯，对牛特别喜爱，饲养管理细致，冬季采用“三暖”（住暖圈、饮暖水、喂暖饲料）饲养，夏季放牧，注意淘汰劣质种牛，严格进行选种选配。产区农业生产上的使役需要，对形成延边牛结实的体质、良好的役用性能都曾起过重要作用。

3. 体形外貌　延边牛属役肉兼用品种。胸部深宽，骨骼坚实，被毛长而密，皮厚而有弹力。公牛额宽，头方正，角基粗大，多向后方伸展，成“一”字形或倒“八”字角，颈厚而隆起，肌肉发达。母牛头大小适中，角细而长，多为龙门角。毛色多呈浓淡不同的黄色，其中浓黄色占16.3%，黄色占74.8%，淡黄色占6.7%，其他占2.2%。鼻镜一般呈淡褐色，带有黑点。

4. 生产性能 延边牛自18月龄育肥6个月，日增重为813克，胴体重265.8千克，屠宰率57.7%，净肉率47.23%，肉质柔嫩多汁，鲜美适口，大理石纹明显。眼肌面积75.8平方厘米。母牛初情期为8~9月龄，性成熟期平均为13月龄；公牛平均为14月龄。母牛发情周期平均为20.5天，发情持续期12~36小时，平均20小时。公牛终年发情，7~8月为旺季。常规初配时间为20~24月龄。

在繁殖性能上，母牛初情期为8~9月龄，发情持续12~36小时，平均20小时。母牛终年发情，7~8月为旺季。常规初配时间为20~24月龄。

延边牛耐寒，在-26℃时牛才出现明显不安，但能保持正常食欲和反刍。成年延边牛的平均量度见表2-7。

表2-7 成年延边牛的平均量度

性别	体高（厘米）	体长（厘米）	胸围（厘米）	管围（厘米）	体重（千克）
公牛	130.6	151.8	186.7	19.8	465.5
母牛	121.8	141.2	171.4	16.8	365.2

二、引入我国的国外肉牛品种

（一）西门塔尔牛

1. 原产地 西门塔尔牛原产于瑞士西部的阿尔卑斯山区，主要产地为西门塔尔平原和萨能平原。在法国、德国、奥地利等国边邻地区也有分布。西门塔尔牛占瑞士全国牛只的50%、占奥地利的63%，现已分布到很多国家，成为世界上分布最广、数量最多的乳肉役兼用品种之一。

2. 体形外貌 该牛毛色为黄白花或淡红白花，头、胸、腹下、四肢及尾帚多为白色，皮肤粉红色，头较长，面宽；角较细而向外上方弯曲，尖端稍向上。颈长中等；体躯长，呈圆筒状，肌肉丰满；前躯较后躯发育好，胸深，尻宽平，四肢结实，大腿肌肉发达；乳房发育好，成年公牛体重平均为800~1 200千克，母牛650~800千克。

3. 生产性能 西门塔尔牛乳、肉用性能均较好，平均产奶量为4 070千克，乳脂率3.9%。在欧洲良种登记牛中，年产奶4 540千克者约占20%。该牛生长速度较快，日均增重可达1.35~1.45千克，生长速度与其他大型肉用品种相近。胴体肉多，脂肪少而分布均匀，公牛育肥后屠宰率可达65%左右。

成年母牛难产率低，适应性强，耐粗放管理。总之，该牛是兼具奶牛和肉牛特点的典型品种。

成年西门塔尔牛的平均量度见表2-8。

表2-8 成年西门塔尔牛的平均量度

性别	体高（厘米）	体长（厘米）	胸围（厘米）	管围（厘米）	体重（千克）
公牛	144.8	185.2	217.5	24.4	964.7
母牛	134.4	164.2	195.8	20.7	577.0

4. 杂交效果 西门塔尔牛是世界上分布最广、数量最多的品种之一。用西门塔尔牛改良我国黄牛效果显著，杂种后代体形加大，生长增快，产乳性能提高，且杂种小牛放牧性能好。西门塔尔牛杂交二代平均初生体重为34千克、18月龄体重267千克、24月龄体重317千克，应比本地黄牛分别提高69%、32%和25%。

（二）夏洛来牛

1. 原产地 夏洛来牛原产于法国中西部到东南部的夏洛来省和涅夫勒地区，是举世闻名的大型肉牛品种，自育成以来就以其生长快、肉量多、体形大、耐粗放而受到国际市场的广泛欢迎，早已输往世界许多国家。法国夏洛来牛是法国优质品牌牛，其种牛已出口到60多个国家。

2. 体形外貌 该牛最显著的特点是被毛为白色或乳白色，皮肤常有色斑；全身肌肉特别发达；骨骼结实，四肢强壮。夏洛来牛头小而宽，角圆而较长，并向前方伸展，角质蜡黄、颈粗短，胸宽深，肋骨方圆，背宽肉厚，体躯呈圆筒状，肌肉丰满，后臀肌肉很发达，并向后和侧面突出，常形成“双肌”特征。成年活体重，公牛平均为1 100~1 200千克，母牛700~800千克。初生公犊重45千克，母犊42千克。

夏洛来牛的平均量度见表2-9。

表2-9 成年夏洛来牛的平均量度

性别	体高（厘米）	体长（厘米）	胸围（厘米）	管围（厘米）	体重（千克）
公牛	142	180	224	26.5	1 140
母牛	132	165	203	21.0	735

3. 生产性能 夏洛来牛在生产性能方面表现出的最显著特点是：生长速度快，瘦肉产量高。在良好的饲养条件下，6月龄公犊可达250千克，母犊210千克。日增重可达1 400克。在加拿大，良好饲养条件下公牛周岁可达511千克。该牛作为专门化大型肉用牛，产肉性能好，屠宰率一般为60%~70%，

胴体瘦肉率为 80%~85%。16 月龄的育肥母牛胴体重达 418 千克，屠宰率为 66.3%。夏洛来母牛泌乳量较高，一个泌乳期可产奶 2 000 千克，乳脂率为 4.0%~4.7%，但该牛纯种繁殖时难产率较高（13.7%）。

夏洛来牛肌肉纤维比较粗糙，肉质嫩度不够好。

由于夏洛来牛难产率高，应选择与体形大、经产母牛杂交，或适用于“终端”公牛。

（三）利木赞牛

1. 原产地　利木赞牛原产于法国中部的利木赞高原，并因此得名。在法国，其主要分布在中部和南部的广大地区，数量仅次于夏洛来牛，育成后于 20 世纪 70 年代初，输入欧美各国，现在世界上许多国家都有该牛分布，属于专门化的大型肉牛品种。1974 年和 1993 年，我国数次从法国引入利木赞牛，在河南、山东、内蒙古等地改良当地黄牛。

2. 外貌特征　毛色为红色或黄色，口、鼻、眼田周围、四肢内侧及尾帚毛色较浅，角为白色，蹄为红褐色。头较短小，额宽，胸部宽深，体躯较长，后躯肌肉丰满，四肢粗短。平均成年体重：公牛 1 200 千克、母牛 600 千克；在法国较好饲养条件下，公牛活重可达 1 200~1 500 千克，母牛达 600~800 千克。

3. 生产性能　牛产肉性能高，胴体质量好，眼肌面积大，前后肢肌肉丰满，出肉率高，在肉牛市场上很有竞争力。集约饲养条件下，犊牛断奶后生长很快，10 月龄体重即达 408 千克，12 月龄体重可达 480 千克左右，哺乳期平均日增重为 0.86~1.3 千克；因该牛在幼龄期，8 月龄小牛就可生产出具有大理石纹的牛肉。因此，是法国等一些欧洲国家生产牛肉的主要品种。

成年利木赞牛的平均量度见表 2-10。

表 2-10　成年利木赞牛的平均量度

性别	体高（厘米）	体长（厘米）	胸围（厘米）	管围（厘米）
公	127.37	149.87	194.75	20.5
母	139.25	169.17	220.00	23.75

4. 杂交效果　1974 年和 1993 年，我国数次从法国引入利木赞牛，在河南、山东、内蒙古等地改良当地黄牛。有利于杂交牛体形改善，肉用特征明显，生长强度增大，杂种优势明显。山东、黑龙江、安徽为主要供种区，全国供种不足，现有改良牛 45 万头。

（四）日本和牛

1. 原产地　日本和牛为原产于日本的土种牛，1868 年前仅供役用。特点是生长快、成熟早、肉质好。

2. 外貌特征　日本和牛体形小，母牛体高为 115～118 厘米，体躯紧凑，腿细，前躯发育好，后躯差，毛色为黑色、褐色，也有条纹及花斑的杂色牛只。一般日本和牛分为褐色和牛和黑色和牛两种。

3. 生产性能　褐色日本和牛在育肥 360 天，20 月龄时，体重 566 千克，胴体重 356 千克，屠宰率达 62.9%；26 月龄屠宰，育肥 514 天，体重 624 千克，胴体重 403 千克，屠宰率 64.7%。

日本和牛晚熟，母牛 3 岁、公牛 4 岁才进行初次配种。

4. 杂交效果　1912 年日本对和牛进行了有计划的杂交工作，并在 1944 年正式命名为黑色和牛、褐色和牛及无角和牛，作为日本的培习品种。1948 年成立日本和牛登记协会，1956 年改良成功。

（五）安格斯牛

1. 原产地　安格斯牛属于古老的小型肉牛品种。原产于英国的阿伯丁、安格斯和金卡丁等郡，并因地得名。目前世界上多数国家都有该品种牛。19 世纪开始向世界各地输出，世界上主要养牛国家大多数都畜养这个品种牛，是英国、美国、加拿大、新西兰和阿根廷等国的主要牛种之一。在美国的肉牛总数中，安格斯牛占 1/3。我国先后从英国、澳大利亚和加拿大等国引入，目前主要分布在新疆、内蒙古、山东、东北地区等北部省、自治区。

2. 体形外貌　安格斯牛以被毛黑色和无角为其重要特征，故也称其为无角黑牛。该牛体躯低翻、结实、头小而方，额宽，体躯宽深、呈圆筒形，四肢短而直，前后裆较宽，全身肌肉丰满，具有现代肉牛的典型体形。安格斯牛成年公牛平均活重 700～900 千克，母牛 500～600 千克，犊牛平均初生重 25～32 千克，成年体高公母牛分别为 130.8 厘米和 118.9 厘米。

3. 生产性能　安格斯牛具有良好的肉用性能，被认为是世界上专门化肉牛品种中的典型品种之一。表现早熟，胴体品质高，出肉多。屠宰率一般为 60%～65%，哺乳期日增重 900～1 000 克。育肥期日增重（1.5 岁以内）平均 0.7～0.9 千克。肌肉大理石纹很好。成年安格斯牛的平均量度见表 2-11。

表 2-11　成年安格斯牛的平均量度

性别	体高（厘米）	体长（厘米）	胸围（厘米）	管围（厘米）	体重（千克）
公牛	130.8	176.0	227.0	21.7	842.0
母牛	118.9	155.8	194.2	18.3	541.4

该牛对环境适应性好，耐粗饲，抗寒；性情温和，易于管理。但母牛稍有神经质，冬季被毛较长而易感外寄生虫。在国际肉牛杂交体系中被认为是最好的母系。

第三章　规模化肉牛场饲养模式及养殖工艺

一、肉牛的生产饲养模式

肉牛的生产饲养模式有放牧饲养、半舍饲饲养和舍饲饲养三种。

1. 放牧饲养　适用于牧区。断奶后肉牛就地放牧，根据草场情况适当进行精料或粗饲料的补饲。可在放牧地的干燥处设置简易牛舍、饮水槽和饲槽。

2. 半舍饲饲养　适用于半牧区。在充分利用草资源的条件下，可根据情况在放牧归来后补饲干草、青草、青贮饲料和精饲料等。

3. 舍饲饲养　适用于专业的肉牛养殖场。肉牛舍饲育肥一般采用拴系饲养，即将牛只定床、定槽、定时采食饮水。在标准化养殖不限制养殖方式。拴系饲养和散养各有利弊，需根据当地情况来定。拴系的好处是节约牛舍空间，便于管理；缺点是饲养密度增加，影响牛舍环境，容易诱发疾病，耗费人工，牛舍建筑费用较大。拴系养殖时要保证拴牛绳的长度足够牛的起卧和采食。散养与放牧不同，是散栏饲养，在一个圈内饲养数头或数十头。散养的好处是牛在一定程度上能自由活动，患病率较低，节约人工，但需要较大的养殖用土地。

二、肉牛养殖工艺

（一）牛群结构

在规模化肉牛场中，牛群结构应保持在合理的范围，每年需从成年母牛群中淘汰老弱病残牛10%~15%，向成年牛群补充后备牛15%~20%。纯种肉牛牛群结构、肉乳兼用牛牛群结构分别见表3-1、表3-2。

表3-1　纯种肉牛牛群结构

项目	犊牛	后备青年母牛	后备育成母牛	成年母牛
比例	30%	8%	7%	55%

表 3-2　肉乳兼用牛牛群结构

项目	犊牛	后备青年母牛	后备育成母牛	干乳母牛	围产母牛	泌乳母牛
比例	20%	12%	8%	4%	6%	50%

（二）肉牛生产主要技术指标

1. 繁育技术主要生产参数指标

（1）青年母牛 14 月龄开始配种。

（2）成年母牛产后 60 天配种。

（3）母牛总受胎率高于 90%。

（4）牛群繁殖成活率高于 90%。

（5）犊牛哺乳期为 90 天，犊牛成活率在 95% 以上。

（6）育成牛和青年牛成活率在 99% 以上。

（7）成年母牛平均利用胎次为 5 胎，成年母牛年更新率为 20%。

2. 育肥生产技术参数

（1）成活率高于 98%。

（2）出栏体重达到 550 千克。

三、肉牛育肥工艺流程

肉牛育肥工艺流程如图 3-1 所示。

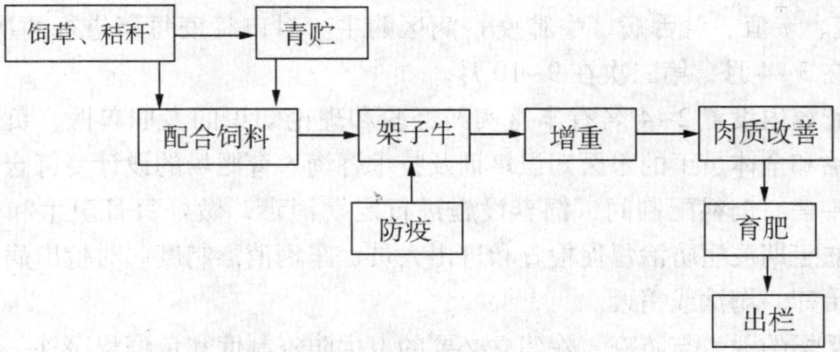

图 3-1　肉牛育肥工艺流程

从繁育场转群的优质健康的架子牛，经科学的饲养和管理，达到育肥牛的目的。规范的育肥牛饲养工艺主要包括：

（一）技术措施

1. 分群　所有的育肥牛都被称重，并按体重、品种、性别分群。

2. 标记身份　所有的牛都被打耳标、编号、标记身份。

3. 驱虫　对进入育肥场的架子牛的一个基本的管理措施就是投驱虫药。

4. 饲喂工艺　TMR（全混合日粮）饲喂，肥育期拴系饲养。

（二）肥育方式

肉牛育肥主要采用后期集中育肥肥育方式。肉牛经强度肥育，屠宰体重达500~550千克，屠宰率为56%~60%，净肉率48%~50%，牛肉质量上等。一般分为三期肥育：

1. 过渡饲养期 过渡饲养期约15天。对于待育肥的架子牛，首先要驱虫，包括驱除内外寄生虫。实施过渡阶段饲养，即首先让刚进场的牛自由采食粗饲料，粗饲料不要铡得太短，长约5厘米。上槽后仍以粗饲料为主，可铡成1厘米左右。每天每头牛控制喂0.5千克精料，与粗饲料拌匀后饲喂。精料量逐渐增加到1.5千克，尽快完成过渡期。

2. 肥育前期 此期长短根据架子牛体重确定，经历60~100天。这时架子牛的干物质采食量要逐步达到8千克，日粮粗蛋白质水平为12%，精粗比为11∶9，日增重1.2千克左右。

3. 肥育后期 肥育后期约60天。干物质采食量达到10千克，日粮粗蛋白质水平为11%，加大能量饲料饲喂量。精粗饲料喂量比为13∶7，日增重1.3~1.5千克。

（三）卫生与防疫

严格执行家畜疫病防治的五个强制（免疫、疫区检疫、封锁、消毒、病畜扑杀）和二个强化（疫病报告、防疫监督）制度。采购架子牛前，必须对当地疫情进行调查，并调查运输途中各地的疫情。严格控制从牛的一类传染病（口蹄疫、炭疽、兰舌病、牛肺疫）病区购牛。对口蹄疫每年进行两次免疫，第一次在3~4月，第二次在9~10月。

育肥场内设置2~4名有丰富实践经验和理论知识的专职兽医，负责全部疫病防治和全体员工的兽医知识培训及技术咨询。育肥场的设计要符合卫生条件，对牛舍、饲料配制间、饲养设施进行定期消毒，做好每日卫生和粪便清理，建立定期疫病防治督促检查和进出人员、车辆消毒制度。对检出病牛要及时隔离治疗、淘汰或销毁。

育肥场的卫生与防疫，除建立必要的卫生防疫制度和免疫程序外，还应确立以下原则和要点：

（1）场区内设立净道和污道。净道是运输饲料和人员流动的路线，应避免污染；污道是输出粪便及废弃物的流动路线，应定期清洁和消毒。净道和污道要避免交叉，应及时清洁和消毒。

（2）外部车辆和人员不得随意进入生产区，饲养人员或管理人员进入生产区内要更衣消毒。场区内设有专用饲料车、粪便运输车，两者不允许共用。

（3）舍内粪便、废弃物应及时清除，不允许堆放舍内。

（4）场区内的粪水和尿液设暗沟（管道）排入污水处理区进行处理。

第四章　规模化肉牛场选址及总体布局

一、肉牛场选址

（一）自然条件

1. 地势地形　地势是指场地的高低、走向趋势；地形是指场地的形状、范围及地物（山岭、河流、道路、草原、树林、居民点等）的相对位置状况。总体上肉牛场的场地应选在地形宽阔，地势高燥、平坦、背风向阳、有适当坡度（1%~3%）、排水良好、地下水位低（应在2米以下）的场所。低洼潮湿的场地不宜作肉牛场场址。

平原场地区一般场地比较平坦、开阔，场址应注意选择在周围地段稍高的地方，以利于排水防涝。地面坡度以1%~3%为宜。

靠近河流、湖泊的地区，场地要选择在较高的地方，应比当地水文资料中的最高水位高1~2米，以防涨水时被水淹没。

山区建场应选在稍平缓的坡上，坡面向阳，建筑区坡度应在8%以内。坡度过大，不但在施工中需要大量填挖土方，增加工程投资，而且在建成投产后也会给场内运输和管理工作造成不便。山区建场还要注意地质构造情况，避开断层、滑坡、塌方的地段，也要避开坡底和谷地以及风口，以免受山洪和暴风雪的袭击。

在有些山区的谷地或山坳里，常由于地形地势的条件限制，形成局部空气涡流现象，造成场区出现污浊空气长时间滞留、潮湿、阴冷或闷热等现象，选址时应注意避免。

场地地形较理想的应是正方形、长方形，避免狭长和多边角。在山区建场更要考虑地形变化情况。场地不能过于狭长，场地狭长往往影响建筑物合理的布局，拉长了生产作业线，同时也使场区的卫生防疫工作和生产联系不便。

2. 水源水质　在牛场生产过程中，肉牛饮用、饲料调制和牛舍、设施、牛体的清洗等都需要大量的水，所以，必须有可靠的水源。

水源主要有以下三种：

（1）地面水。主要是降水或地下水汇集而成，如河水。其水质易受到外界条件的改变而受到污染，尤其是生活污水或工厂废水。地面水一般在使用时要经过净化和消毒处理。

（2）地下水。是一种受污染机会少的清洁用水，而且多数杂质在地下被滤过，是肉牛场的首选用水。但是易受当地地质情况的影响，硬度一般比地面水硬度大（硬度大可以理解为水中含有过多的矿物质元素，如钙等），有时也会含有某些矿物质毒素，引起地方性疾病。

（3）降水。这种水源不稳定，易受当地的降水情况影响，不适于作畜牧场用水，而且受污染的机会也比较多。因此，在选择牛场时一定要考察当地的水资源情况，同时也不要忽视水质。水质差，轻则影响肉牛的健康，重则对人员的健康造成不良的影响。

水源应符合下列要求：一是水量充足，能满足场内饮用和生产、管理用水需要，并应考虑防火和未来发展的需要；二是水质要好，能满足人畜饮用和建筑施工要求；三是水源要便于防护，以保证水源水质经常处于良好状态，不受周围条件的污染；四是取用方便，设备投资少，处理技术简便易行。

3. 土壤土质 牛场土质沙壤土最理想，沙土较适宜，黏土最不适。沙壤土土质松软，抗压性和透水性强，吸湿性、导热性小，毛细管作用弱。雨水不易积聚，雨后没有硬结，有利于牛舍及运动场的清洁与卫生干燥，有利于防止蹄病及其他疾病的发生；沙壤土既具有一定数量的大孔隙，又有多量的毛细管空隙，所以透气透水性能好、持水性小，因而雨后也不会泥泞，易于保持适当的干燥。可防止病原菌、寄生虫卵、蚊蝇等生存和繁殖。同时，由于透气性能好，有利于土壤本身的自净。沙壤土的导热性好，热容量较大，土温比较稳定，对家畜的健康、卫生防疫、绿化种植等都比较适宜。由于其抗压性好、膨胀性小，所以适合作为建筑地基。

4. 气象 要综合考虑当地的气象因素，如最高温度、最低温度、相对湿度、年降水量、主风向风力等，以选择有利地势。就主风向来说，在寒冷地区为防止寒风侵袭，场地的选择应避开风口，充分利用有利地形挡风。另外还应使牛舍的迎风面尽量减小，使牛舍有墙的一侧对着主风向。在主风向设防风林带和挡风墙，也可起到良好的挡风御寒作用。而炎热地区则要充分利用主风向，合理地确定畜舍的布局，加强场区通风降温。

（二）社会条件

1. 城乡建设规划 肉牛场场址的选择要有长远的周密考虑和统筹安排，要与农牧业发展规划、农田基本建设规划相协调，避免在城镇建设发展方向上选址，以免造成频繁的搬迁和重建。

2. 交通运输条件 肉牛场场址应尽可能接近饲料产地和加工地，靠近产品销售地，确保其合理的运输半径。大型集约化肉牛场由于物资需求量大，对外联系紧密，所以应该保证交通方便，场外应通有公路，远离交通干线。离主要交通要道500米以外、一般交通道路200米以外。

3. 卫生防疫要求　为防止牛场受到周围环境的污染，选址时应避开居民点的污染，选址时应避开居民点的污水排出口，不能将场址选择在化工厂、屠宰厂、制革厂等容易产生环境污染的企业的下风向处或附近。在城郊区建场，应距离大城市20千米、小城镇10千米。按照肉牛场建设标准，要求距离国道、省际公路500米以上；距离省道、区际公路300米以上；距离一般道路100米以上；距离居民区500米以上。禁止在旅游区、畜病区建场；不同畜牧场，尤其是具有共患传染病的畜种，两场间必须保持安全距离以上。

4. 水电供应情况　肉牛场生产、生活用电必须具备可靠的电力供应，因此，为了保证生产的正常运行，减少供电投资，肉牛场场地的选择应靠近输变电线路，以尽量缩短新线路架设距离，并应具备用电源，以保证场内供电的稳定可靠。

5. 与周边环境相协调　选择和利用树林或自然山丘作建筑背景，外加修整良好的草坪和车道，达到美化环境的效果。

二、肉牛场总体布局

（一）肉牛场总体布局的原则

1. 创造适宜的环境　一个适宜的环境可以充分发挥牛的生产潜力，提高饲料利用率。一般来说，家畜的生产力20%取决于品种，40%~50%取决于饲料，20%~30%取决于环境。不适宜的环境温度可以使家畜的生产力下降10%~30%。此外，即使喂给全价饲料，如果没有适宜的环境，饲料也不能最大限度地转化为畜产品，从而降低了饲料利用率。由此可见，设计肉牛场时必须符合肉牛对各种环境条件的要求，包括温度、湿度、通风、光照和空气中的二氧化碳、氨、硫化氢等，为家畜创造适宜的环境。

2. 符合生产工艺要求　肉牛生产工艺包括牛群的组成和周转方式、运送草料、饲喂、饮水、清粪等，也包括测量、称重、采精输精、防治、生产护理等技术措施，修建牛舍必须与本场生产工艺相结合。否则，必将给生产造成不便，甚至使生产无法进行。

3. 严格卫生防疫，防止疫病传播　流行性疫病对肉牛场会形成威胁，造成经济损失。通过修建规范牛舍，为家畜创造适宜环境，将会防止或减少疫病发生。此外，修建畜舍时还应特别注意卫生要求，以利于兽医防疫制度的执行。要根据防疫要求合理进行场地规划和建筑物布局，确定肉牛舍的朝向和间距，设置消毒设施，合理安置污物处理设施等。

4. 要做到经济合理，技术可行　在满足以上三项要求的前提下，肉牛舍规划还应尽量降低工程造价和设备投资，以降低生产成本，加快资金周转。因此，牛舍规划要尽量利用自然界的有利条件（如自然通风、自然光照等），尽量就地取材，采用当地建筑施工习惯，适当减少附属用房面积。牛舍设计方案必须通过施工能够实现，否则，方案再好而施工技术上不可行，也只能是空想的设计。

（二）肉牛场规划布局

1. 分区规划 牛场场区规划应本着因地制宜和科学饲养的要求，合理布局，统筹安排。考虑今后发展留有余地，利于环保。场地建筑物的配置应做到紧凑整齐、节约用地、不占或少占耕地、节约供电线路、节约供水管道、便于防火。

具有一定规模的肉牛场，通常将肉牛场分为三个功能区，即管理区、生产区和隔离区。

（1）管理区。管理区也称场前区，是牛场从事经营管理活动的功能区，与社会具有极为密切的联系。管理区包括行政和技术办公室、饲料加工车间及料库、车库、杂品库、配电室、水塔、宿舍、食堂等。管理区应设在生产区的上风处，并与生产区严格隔离。为了防疫安全，又便于外面车辆将饲料运入和饲料成品运往生产区，应将饲料加工车间和料库设在该区与生产区隔墙处。但对于兼营饲料加工销售的综合型大场，则应在保证防疫安全与生产区保证方便联系的前提下，独立组成饲料生产小区。此外，由于负责场外运输的车辆严禁进入生产区，其车棚、车库应设在管理区。同理，待出售的畜产品仓库及其他杂品库均应设在管理区。

（2）生产区。生产区是牛场的核心区，包括牛舍和生产附属建筑物。此区应设在牛场的中心地带，牛舍应平行整齐排列布置，如不超过4栋，呈一行排列；如超过4栋，则呈两行排列，两行牛舍端墙之间应留有10～15米的间隔。这样的布局既可保证最短的运输、供水、输电距离，也可保证一致的采光，并有利于通风。

生产区牛舍要合理布局，分阶段分群饲养，按产房、犊牛舍、育成前期牛舍、育成后期牛舍顺序排列。粗饲料库设在生产区下风口地势较高处，与其他建筑物保持60米的防火距离。兼顾由场外运入和再运到牛舍两个环节。饲料库、干草棚、加工车间和青贮池通常设在管理区的一侧，紧靠生产区围墙，门开在围墙上。这样的布置可避免运送饲料的车辆进入生产区，以保证生产安全。

（3）隔离区。隔离区包括兽医诊疗室、病畜隔离舍、尸坑或焚尸坑、粪便污水处理设施等，应设在生产区下风地势低处，与生产区保持300米以上的卫生间距。该区尽可能与外界隔绝，四周应有隔离屏障，如防疫沟、围墙、栅栏或浓密的乔灌木混合林带，并设单独的通道和出入口。处理病死牛的尸坑或焚尸坑更应严密隔离。此外，在规划时还应考虑严格控制该区的污水和废弃物，防止疫病蔓延和污染环境。

2. 场区道路　场区道路是联系饲养工艺过程及场外交通运输的线路，是实现正常生产和组织人流、货流的重要组成部分。道路布置应满足以下要求：

（1）道路系统应与场区总平面布置、竖向设计、绿化等协调一致。

（2）道路布置应适应生产工艺流程，保证场内外运输畅通。

（3）满足牛场生产要求，生产区道路分为净道和污道。净道的主要任务是牛群周转、运送饲料及新进场设备；污道的主要任务是运送粪便、淘汰牛、病死牛及淘汰设备。净道和污道应分别有出入口。净道与污道不得交叉。

（4）管理区与外部相连道，可按主干道考虑。辅助区之间联系按辅助道考虑。道路设计时主要干道为 5.5~6.0 米宽的中级硬化路面，当有回车场时道宽 3.5 米，一般道路宜做 2.5~3.0 米宽的低级路面。

3. 场区绿化　场区绿化需要在总平面设计时统一考虑。绿化布置时应考虑各种林木的功能，使之为保护和美化环境发挥作用。

（1）设置防护林带。防护林带以降低风速为目的，防止低温气流、风沙对场区和牛舍的侵袭。在防御地带设 5~8 米宽乔灌木相结合地带。株距 1.5 米，行距 1.5 米，品字形栽种。

（2）隔离绿化带。牛场的各分区之间、四周围墙应设隔离绿化带。林带 4~5 米，选择高的疏枝树木以利通风。乔木应修剪成无枝，树干高 5 米，以免影响通风。

（3）行道树。以遮阳吸尘为主。与风平行道路可兼种冠大叶密乔木和灌木；与风垂直道路，宜种植枝条长而稀的树种。

第五章　规模化肉牛场生产及配套设施建筑工程设计

一、牛场建筑技术要求

（一）牛舍建筑要求

牛舍应有足够的面积，使肉牛在舍内不感到拥挤，可以自由活动。肉牛舍面积过小，会使舍内潮湿、脏污，空气较差，有碍肉牛的健康，而且管理也不方便；面积过大不但浪费，而且管理也不方便，亦不利于冬季保温。

牛舍可适当高些，以保证足量的空气，但过高则保温不良，建筑费用亦高，一般高度为3.5米左右。双坡式牛舍净高（地面至天棚的高度）不低于3米。在修建单坡式牛舍时，前墙高度不低于3.0米，后墙高度为2.4米左右。南方地区的牛舍防暑、防潮重于防寒，牛舍应适当高些。

1. 母牛舍建筑参数

（1）牛舍面积：8~10米^2/头。

（2）运动场面积：20~25米^2/头。

2. 产房建筑参数

（1）牛舍面积：母牛8~10米^2/头，犊牛2米^2/头。

（2）运动场面积：20~25米^2/头。

（3）产栏规格：3.6米×3.6米。

（4）其他要求：为加强保温和提高牛只舒适度，地面应铺设稻草类垫料。

3. 犊牛舍建筑参数

（1）牛舍面积：3~4米^2/头。

（2）运动场面积：5~10米^2/头。

（3）其他要求：犊牛舍地面应干燥，易排水。

4. 育成牛舍建筑参数

（1）牛舍面积：4~6米^2/头。

（2）运动场面积：10~15米^2/头。

5. 育肥牛舍建筑参数　根据育肥目的不同，可分为拴系饲养和小群饲养。拴系饲养牛位宽 1.0~1.2 米，小群饲养每头牛占地面积 6~8 平方米，运动场面积 15~20 平方米。

6. 隔离牛舍建筑参数　新购入牛或病牛在此进行隔离观察、诊断、治疗。建设参数同母牛舍。为便于清理消毒，舍内不设卧栏。

（二）牛舍的建筑布局要求

牛舍间距应考虑多方面因素：防疫、通风、防火、安置配套设施等。

1. 防疫间距要求　为了创造良好的卫生条件，提高畜舍的环境质量，牛舍群体排列时不仅要考虑日照、通风的要求，而且还要考虑车间性质特点和布局的要求：种群排列根据当地的主导风向和地势较高处，依次顺序是繁育种群、育肥车间、隔离车间。相同性质车间之间的间距以 10 米左右为宜，不同性质车间的间距以 30~50 米适宜；病畜隔离舍、焚化区安排在场区的下风向较远距离的地方，本区建高围墙与其他各区隔离，相距 100 米以上。

防疫间距和通风间距的确定有密切关系。防疫要求前栋车间内排出的有害气体、粉尘微粒和病菌不能进入后栋车间，就是要求后排车间应布置在前排车间背风面涡流区之外的适当距离处。

2. 通风间距要求　为了满足畜舍通风和场区排污的要求，各养殖车间之间必须保持一定的间隔，考虑到自然风随机性的不利情况，自然通风的畜舍间距以取车间间距等于或大于 5 倍畜舍高度为宜；机械通风的畜舍间距以取等于或大于畜舍高度较为适宜。

3. 防火的间距　为了防止火灾向相邻建筑蔓延，所以必须要留有防火间距。防火间距，即一栋建筑物起火，对面建筑物在热辐射的作用下，不采取任何保护措施也不会起火的距离。防火间距不小于 10 米，相当于 3 倍畜舍高度左右。

4. 车间排列方式　规模养殖场标准化车间的布置一般是根据周边环境状况、地形地貌条件、生产工艺流程、畜种群体性质和管理要求而确定。

养殖车间栋数较多时，车间按一定的间距依次排列成双列，排成双列式可以缩短纵向深度，布置集中，便于供料路线两列公用，电网、管网布置路线短，管理方便，节省投资和运转费用。以此类推，可以布置成三列式或四列式。从国外的畜舍建设情况看，多采用单列式或双列式两种形式。

5. 车间布局朝向　正确的朝向既有利于通风和调节舍温，又有利于整体布局的紧凑性和节约土地。畜舍朝向的选择与当地的地理纬度、地段环境、局部气候特征及建筑用地条件等多种因素有关。朝向主要是根据太阳辐射和主导风向两个因素确定的。设计时朝向主要考虑两方面的因素：日照条件和通风条件。坐北朝南或南偏东不大于 15°。

6. 温度与通风 肉牛耐寒不耐热，夏季平均温度高于25 ℃时，采食量和日增重明显下降；育肥适宜温度应低于30 ℃，牛舍环境相对湿度不宜超过80%。为了保持牛舍干燥和空气新鲜，必须有良好的通气设备。为满足采光、冬季保温排湿、夏季降温及排除舍内污浊空气的需要，应加强通风换气，棚圈不宜封闭，宜在南墙和北墙开设窗户。南墙可通风面积不宜低于舍内地面面积的10%，北墙可通风面积取南墙的50%~60%。牛舍的通气装置，既要保证有足够的新鲜空气，又能避贼风。可以在屋顶上设通气孔，孔上有活门，必要时可以关闭。对南方牛舍夏季的通风要求要特别注意，以降低舍内的高温。

（三）牛场其他建筑技术要求

1. 场区道路 工厂化养殖场的运输比较繁忙，主要是牛只、饲料、粪便和生产生活用品的运输。为了防疫安全，在规划道路时，必须分工明确，防止交叉感染。一般将运输饲料、牛只和进行消毒等的道路称为净道（清洁道），出粪道路称为污道（污染道）。要求总体布局时，将清洁道和污染道分开布置，互不相通，也不交叉，一般应在一侧不可避免的交叉处设路栏或隔离带。

工厂化养殖场场内道路，宜按郊区型道路设计，采取净道、污道分离。场区内净道为人、车、料、畜禽通道，污道为出粪和病畜禽通道。主要干道为5.5~6.0米宽的中级硬化路面，当有回车场时道宽3.5米，一般道路宜做2.5~3.0米宽的低级路面。主干道承载力在20~30吨重量。

2. 草料堆放

（1）干草库。干草库一般为开放式结构，必要时用帘布进行保护，也可三面设墙一面敞开；其建设规模主要依据牛场的饲养量和年采购次数决定。干草垛高度可达4米，据此确定草棚长、宽、高。干草库建造重点是防火，其次是防潮，注意与其他建筑保持一定距离。

（2）精料库。精料库正面开放，内设多个隔间，隔间多少由精料种类确定，料库大小由肉牛存栏量、精料采食量和原料储备时间决定。精料库一般不低于3.6米，挑檐1.2~1.8米，以方便装卸料，防止雨雪打湿精料。料库前设计6.5~7.5米宽、向外坡度为2%的水泥路面，供料车进入。设计时注意防潮防鼠。

（3）青贮池。建在饲养区，选择既便于运进原料，又靠近牛舍的地方。常见的青贮池分为半地下式、地下式和地上式，前两种虽然节省投资但不易排出雨水和渗出液。一般青贮池呈条形，三面为墙，一面敞开池底稍有坡度，并设排水沟。青贮池一般为2.5~4.0米高，一般要求每日取料深度20厘米以上，根据养牛数量多少注意青贮池宽度，一般至少4~5米，长度因贮量和地形而定。

3. 产房 每头犊牛占牛舍面积2平方米，每头母牛占牛舍面积8~10平方米，运动场面积 20~25 平方米。可选用 3.6 米×3.6 米产栏。地面铺设稻草类垫料，以加强保温和提高牛只舒适度。

4. 粪污处理

（1）污水分离沉淀池。污水分离沉淀池是建在粪污处理区的重要设施。分为大小不同的 2~3 个池子，对污水进行一级处理和二级处理。池子的大小可根据牛场规模来决定。

（2）粪池和复合肥加工场。包括粪池和晾晒场。粪尿从牛舍运来后在粪池中发酵，以增加肥力和致死病原体。根据牛场规模和数量修建若干个粪池和足够面积的晾晒场地。

二、肉牛舍建筑方案设计

（一）肉牛舍类型

肉牛舍按其饲养模式可分为拴系式牛舍和散放式牛舍。按照墙面不同可将牛舍分为全开放式（敞篷）牛舍、半开放式牛舍、有窗式牛舍和无窗式牛舍。按照屋顶结构可以分为钟楼式牛舍、半钟楼式牛舍、双坡式牛舍和单坡式牛舍。按照牛只在舍内的分布方式可分为单列式牛舍、双列式牛舍和多列式牛舍。按照建筑用材可以分为砖混结构、土木结构及钢结构等。

在选择肉牛舍类型时，应根据不同类型肉牛舍的特点，结合当地的气候特点、经济状况及建筑习惯全面考虑，选择适合本地、本场实际情况的肉牛舍形式。

1. 拴系式牛舍　目前国内采用比较多的是拴系式牛舍，是将牛只颈部套住，使牛只并排于饲槽前，也称为固定架方式。这种方式多用于肉牛育肥，尤其是幼龄育肥的养牛场。拴系式养牛占地面积少，节约土地，管理比较精细；同时，牛只活动量少，饲料利用率较高。但牛只出入时，系放比较麻烦。

拴系式牛舍按照墙面不同可分为封闭式牛舍、半开放式牛舍、开放式牛舍，按照牛舍跨度大小和牛床排列形式，可以分为单列式和双列式。在肉牛饲养中，以双列对头式应用较多，这种方式饲喂方便，便于机械作业，缺点是清粪不方便。单列式跨度为 4~5 米，舍顶类型可采用平顶式、半坡式或平拱式；双列式牛舍的舍顶为双坡式，牛舍跨度为 12 米，最少也不能低于 8 米，因饲道宽窄而定。牛舍长可视养牛数量和地势而定。北方寒冷，也可采用封闭式的；南方气温高，棚舍两侧可敞开，不要侧墙。饲槽可沿中间通道装置，草架则沿墙壁装置，这种牛舍饲喂架子牛最适合，若喂母牛、犊牛则要求设置隔牛栏，此种牛舍造价稍高，但保暖、防寒性好。

2. 围栏式散养牛舍　围栏式是肉牛在牛舍内不拴系，散放饲养，牛自由采食、自由饮水。围栏式牛舍多为开放式或棚舍，并与运动场围栏相结合使用。开放式围栏牛舍的三面有墙，另一面是向阳面可敞开，与运动场围栏相接。水槽、食槽设在舍内，在刮风、下雨天，既可使牛得到保护，也避免饲草、饲料淋雨变质。舍内及围栏内均铺水泥地面。牛舍内牛床面积以每头牛 2 平方米为宜，每舍 15～20 头牛。牛舍跨度较小时，有单坡式和双坡式，休息场所与运动场所合为一体，牛可自由进出。舍外场地每头牛占地面积为 3～5 平方米。棚舍式围栏牛舍与拴系式的棚舍式类似，但不拴系。

3. 开放式牛舍 牛只可以自由出入牛舍和进入运动场。牛舍内部有休息场及饲喂场。休息场的面积以每头牛 6～8 平方米为宜，运动场的面积至少应为牛舍的 2 倍。开放式牛舍饲养管理需要的劳力少，适于大群饲养。其缺点是不能做到牛只按个体饲养，饲养员生产劳动效率较低。

4. 塑料暖棚牛舍 在北方气候寒冷的冬、春季，可利用塑料薄膜暖棚养牛，不仅保温好，而且造价低、投资少，适于广大农牧户。选用白色透明的、不凝结水珠的塑料薄膜，规格为 0. 02～0. 05 毫米厚。塑料暖棚式牛舍三面全墙，喂面是向阳一面，有半截墙，有 1/2～2/3 的顶棚。向阳的一面在温暖季节露天开放，寒冷季节在露天一面用竹片、钢筋等材料做支架，上面覆单层或双层塑料，两层膜间留有间隙，使牛舍呈封闭的状态，借助太阳能和牛体自身散发的热量，使牛舍温度升高，防止热量散失。暖棚舍顶类型可采用平顶式、半坡式或平拱式，以联合式暖棚较好。棚舍一般坐北朝南，偏东 5°～10°，屋顶斜面与水平地面的夹角应大于当地冬至时的太阳高度角，使进入舍内的入射角增大，有利于采光。

（二）肉牛舍建筑设计

1. 肉牛舍平面设计 肉牛舍平面设计的主要依据是肉牛场生产工艺、工程做法和相关的建筑设计规范与标准。其内容主要包括圈栏、饲槽、舍内通道、门窗、排水系统、粪尿沟、环境调控设备、附属用房，以及牛舍建筑的平面尺寸确定等。

（1）圈栏的布置。根据工艺设计确定的每幢肉牛舍应容纳的肉牛占栏只数、饲养工艺、设备选型、劳动定额、场地尺寸、结构形式、通风方式等，选择栏圈排列方式（单列、双列或多列）并进行圈栏布置。单列和双列布置使建筑跨度小，有利于自然采光、通风和减少屋架等建筑结构尺寸，但在长度一定的情况下，单栋舍的容纳量有限，且不利于冬季保温。多列式布置使牛舍跨度较大，可节约建筑用地、减少建筑外围护结构面积，利于保温隔热，但不利于自然通风和采光。南方炎热地区为了自然通风的需要，常采用小跨度牛舍；而北方寒冷地区为保温的需要，常采用大跨度牛舍。

（2）饲槽。肉牛舍多位群饲通槽喂养或拴系通槽喂养。每头牛槽宽 1. 1～1. 2 米，近槽地面稍高。饲槽以固定式水泥槽为最适用。饲槽上宽 0. 6～0. 8

米，底宽 0.35 米，槽底弧形。槽边近牛缘高 0.35 米，外缘高 0.6~0.8 米。也可用低槽位的道槽合一式饲槽。

（3）舍内通道的布置。舍内通道包括饲喂道、清粪道和横向通道。饲喂道和清粪道一般沿牛床平行布置，两者不应混用；横向通者垂直牛床布置，一般是在牛舍较长时为管理方便而设的。通道的宽度也是影响牛舍的跨度和长度的重要因素，为节省建筑面积、降低工程造价，在工艺允许的前提下，尽量减少通道的量。通道的宽度要求不同，饲喂道一般在 1.5~2.5 米、清粪道宽度一般在 0.9~1.2 米，采用三轮车推粪时宽度在 1.2~1.5 米。横向通道一般较宽，为 1.2~2.0 米。

（4）排水系统的布置。牛舍一般沿牛床布置方向设置粪尿沟以排出污水，宽度一般为 0.3~0.5 米，如不兼作清粪沟，其上可设篦子，沟底坡度可为 0.5%~2%（过长时可分段设坡），在沟的最低处应设沟底地漏或侧壁地漏，通过地下管道排至舍内的沉淀池，然后经污水管排至舍外的检查井，通过场区的支管、干管排至粪污处理池。地面牛床坡向粪尿沟，坡度为 2%~3%，便于排除清洗牛舍的水，同时不影响牛只的休息。值班室、饲料间等附属用房也应设地漏和其他排水设施。

（5）附属用房和设施布置。肉牛舍一般在端墙一侧设值班室、储藏间等，有的肉牛舍在饲喂通道一侧设地面消毒池。这些附属用房，应按其作用和要求设计其位置及尺寸。大跨度的肉牛舍，值班室和饲料间可分设在南、北相对位置；跨度较小时，可靠南侧并排布置。青贮饲料和块根饲料间等，可以设在牛舍北侧。

（6）肉牛舍平面尺寸确定。肉牛舍平面尺寸主要是指跨度和长度。影响肉牛舍平面尺寸的因素有很多，如建筑形式、气候条件设备尺寸、走道、肉牛饲养密度、饲养定额、建筑模数等。通常，需首先确定围栏或牛床等主要设备的尺寸。如果设备是定型产品，可直接按排列方式计算其所占的总长度和跨度；如果是非定型设备，则须按每圈容牛头数、肉牛占栏面积和采食宽度标准，确定其宽度（长度方向）和深度（跨度方向）。然后考虑通道、粪尿沟、饲槽、附属房间等的设置，即可初步确定肉牛舍的跨度与长度。最后，根据建筑模数要求对跨度、长度做适当调整。

在设计实践中，应充分考虑到设备安装和工作方便。肉牛舍跨度一般为 6~15 米，长度一般在 50~80 米范围内。如采用大群散养模式，牛群规模为 200 头时，可以建造长度 45 米、跨度 9 米的牛舍。

（7）门窗和各种预留孔洞布置。肉牛舍大门可根据气候条件、围栏布置及工作需要，设于肉牛舍两端山墙或南北纵墙上。西、北墙设门不利于冬季防风，应设置缓冲用的门斗。肉牛舍大门、值班室门、圈栏门等的位置和尺寸，应根据牛种、用途等决定。窗的尺寸设计应根据采光、通风等要求经计算确定，并考虑其所在墙的承重情况和结构柱间距进行合理布置。除门窗洞外，上下水管道、穿墙电线、通风进出风口、排污口等，也应该按需要的尺寸和位置在平面设计时统一安排。

2. 肉牛舍剖面设计 肉牛舍剖面设计主要是确定肉牛舍各部位、各种构（配）件及舍内的设备、设施的高度尺寸。

（1）确定舍内地坪标高。一般情况下，舍内地面标高应高于舍外地坪0.2~0.3米，并以此作为舍内地坪标高。场地低洼或当地雨量较大时，可适当提高饲喂通道的高度。有车和肉牛出入的牛舍，其大门前应设坡度不大于15%的坡道，而不能设置台阶。舍内地面坡度，一般在牛床部分应保证2%~3%，以防牛床积水潮湿；地面应向排水沟有1%~2%的坡度。

（2）确定肉牛舍的高度。肉牛舍的高度是指舍内地坪面到屋顶承重结构下表面的距离。肉牛舍高度不仅影响土建投资，而且影响舍内小气候调节，除取决于自然采光和通风设计外，还应考虑当地气候和防寒与防暑要求，以及牛舍的跨度。寒冷地区一般以2.7~3.5米为宜，跨度9.0米以上时可适当加高；炎热地区为有利通风，牛舍不宜过低，一般以3.5~5米为宜。

（3）确定肉牛舍内部设备及设施的高度尺寸。牛舍内部设备和设施的高度尺寸主要是指牛栏、笼具、饲槽、水槽、饮水器等的安置高度，常因肉牛品种、年龄不同而异。具体尺寸可以参照本书其他各章节有关规定，或根据设备厂家提供的产品资料确定。

（4）确定肉牛舍结构构件高度。屋顶中的屋架和梁为承重构件，在建筑设计阶段可以按照构造要求进行构件尺寸的估算，最终的构件尺寸须经结构计算确定。

（5）门窗与通风洞口设置。门的竖向高度根据人、牛和机械通行需要综合考虑。确定窗的竖向位置和尺寸时，应考虑夏季直射光对牛舍的影响。应按入射角、透光角计算窗的上下缘高度。

在高密度饲养的牛舍里，会产生大量的有害气体和粉尘微粒，因此牛舍通风是舍内环境调控的主要手段。风机洞口、进排风口等通风洞口的垂直位置和尺寸，应结合牛舍通风系统设计统一考虑。

3. 肉牛舍立面设计 肉牛舍立面设计是在平面设计与剖面设计的基础上进行的。主要表示牛舍的前、后、左、右各方向的外貌、重要构配件的标高和装饰情况。立面设计包括屋顶、墙面、门窗、进排风口、屋顶风帽、台阶、坡道、雨罩、勒脚、散水及其他外部构件与设备的形状、位置、材料、尺寸和标高。

肉牛舍首先要满足“饲养”功能这一特点，然后再考虑技术条件和经济条件，运用某些建筑学的原理和手法，使牛舍具有简洁、朴素、大方的外观。

（三）牛舍其他配套设置

根据肉牛圈栏、饲喂通道、排水沟、粪尿沟、清粪通道、附属用房等的布置，分别进行水、暖、电、通风等设备工程设计。

1. 给排水系统的布置 拴系式饲养饮水设备主要是饮水碗或以食槽兼水槽，一般每两头牛提供一个饮水碗，设在相邻卧栏隔栏的固定柱上，安装高度要高出卧床 70~75 厘米。散栏式牛舍常用的饮水器是饮水槽，一般宽 40~60 厘米，深 40 厘米，高度不超过 70 厘米，水槽内水深 15~20 厘米。一个水槽要满足 10~30 头牛的饮水需要。寒冷地区要防止水槽结冰，有条件的牛场可选用恒温水槽。

排污沟的明沟深度不超过 25 厘米。排污沟的底为弧形或方形，向沉淀池方向有 0.5%~1.5%的坡度，排污沟与地下排水管的连接处应设沉淀池，上盖铁篦子。

饮水器、水龙头、冲水水箱、减压水箱等用水设备的位置，应按圈栏、粪尿沟、附属用房等的位置来设计，满足技术需要的前提下力求管线最短。

2. 牛舍电气、照明的布置 牛舍的照明一般以白炽灯和荧光灯作为光源，根据牛舍光照标准和 1 平方米地面设 1 瓦光源提供的照度，就可以计算出所需光源的总瓦数，照明灯具一般沿饲喂通道设置，产房的照明须方便接产。

3. 牛舍采暖通风布置 通风设备的设置，应在通风量计算的基础上进行。牛舍通风方式分为机械通风、自然通风及机械自然混合通风。

机械通风的通风量根据牛群的类别和不同的季节由工艺设计提出，风机洞口和进排风洞口的大小、形状与位置等需要在剖面设计中考虑。与湿帘配套的纵向机械通风系统具有风流均匀、漩涡区小、有利于防疫、风机台数少、土建造价低、管理方便等一系列优点。

自然通风虽然受外界气候条件影响较大，通风不稳定，但经济实用。为了充分和有效地利用自然通风，在牛舍剖面设计中，根据通风要求选择适宜的剖面形式和合理布置通风口的位置。根据通风原理的不同，自然通风又分为热压通风和风压通风两种方式。热压通风效果取决于热压大小，而热压大小取决于舍内外的温差和上下进排风口的中心距离；在温差一定的情况下，要提高热压通风效果。在牛舍剖面设计时，要设法加大进排风口的中心距。

风压通风是自然气流遇到建筑受阻而发生绕流现象，致使气流的动能和势能发生变化，在建筑迎风面形成正压，背风面形成负压。在牛舍剖面设计时，结合当地主导风向，将进风口设置在正压区，排风口设在负压区，可以取得良好的通风效果。如果将进风口设在上风向牛舍墙壁的上部，把排风口设在下风向牛舍墙壁的下部，则可以使风压和热压通风叠加。

根据自然通风研究资料，进排风口面积相等时，面积愈大，则进风量愈大，通风效果愈好。因此，在南方炎热地区，为满足夏季通风需要，将进、排风口的面积设计成相等；而在冬冷夏热地区，考虑冬季防寒需要，将位于背风面的排风口面积设计得小一些，但不宜小于进风口面积的一半，此时进风量只减少一半。

三、辅助建筑物建筑方案设计

（一）干草棚设计

1. 干草储备量的计算 根据肉牛场所在地资源情况、日常饲喂干草品种、质量和粗饲料条件，按照肉牛正常饲养需求每牛每天 2 千克计算，一般干草储备量为 6~8 个月的饲喂量。我国南方和北方在肉牛饲养方面由于气候因素、资源条件，差异较大，应有所区别。

2. 干草棚建筑 干草棚设计主要应具有防雨、通风、防潮、防日晒的功能，首先选址应建在地势较高的地方，或周边排水条件较好的地方，同时棚内地面要高于周边地面以防止雨水灌入，一般要高于周边地面 10 厘米左右。

干草棚建筑应临近青贮窖、精料库（料塔），便于肉牛日粮制作，由于干草棚又是重点防火单位，所以还要考虑保持一定距离，一般距离以 30 米左右为宜。如使用行走或牵引式 TMR 撒料车，还要考虑工艺流程的先后顺序。

干草棚建设形式可分为两大形式，以适应南方降雨较多和北方相对降雨较少的不同。南方干草棚为了防止雨水进入和淋湿干草，需要建挡雨墙，为了保证通风还要在墙上装上百叶窗。北方或降雨较少的地区，可以考虑建成棚式结构，为了防止雨水淋湿干草，在储备干草时，首先在靠近屋檐以内 30~50 厘米的地方垛起，垛得要整齐，形成类似墙体形状，高度应达到屋檐的位置，干草使用时要从棚内中间位置开始，然后向屋檐两侧，尽可能保证这个以干草垒起的墙体的完整性，当下雨时这个墙体就如同穿了蓑衣一般，雨水只淋湿表面，雨后很快被风吹干，这样可以起到防雨的作用。另外当干草储备量较大时，为了达到通风效果，垛草时各垛间应适当留出 50~100 厘米的通风道。

干草棚建筑面积根据干草品种、数量需求计划，干草供应状况，确定干草常年储备数量，以此为依据计算干草棚建筑面积。干草棚的檐应以 5~6 米为宜，这样可以储备更多干草，节省建筑费用，另外应考虑运输干草车辆直接进入棚内，以方便干草的装卸。

（二）饲料库设计

规模较大的肉牛场应建有饲料库，库内通风良好、干燥、清洁，夏季防潮防饲料霉变。饲料库地面及墙壁要平整，四周应设排水沟，建筑形式可以是封闭式、半敞开式或棚式。饲料库应靠近饲料加工车间且运输方便。

（三）青贮设施设计

青贮饲料是肉牛的良好饲料，一般在冬春时期给牛补饲。饲料青贮设施主要有青贮窖、青贮池（壕）和青贮塔三种，应在肉牛舍附近修建。

青贮设施建设规模按畜牧场全年饲养量、畜群结构、每头每日采食量、青贮饲料容重、青贮饲料利用率、青贮池年循环使用次数等指标推定。青贮池每年循环使用次数北方地区按 0.923 次，南方地区按 1.5 次设计。

青贮设施构成包括青贮氨化设施、操作场地和通道、防雨排水设施。青贮池是青贮氨化设施的主体，由底面和墙体构成；操作场地和通道由青贮池周围硬化地面构成；防雨排水设施用于排水。

1. 青贮池（壕） 一般为长方形。池底及池壁用砖、石、水泥砌成。可做成地上式、半地上式、全地下式。全地下式为防止池壁倒塌，青贮池应建成倒梯形。青贮池的一般尺寸：青贮池宽度，人工取料时宜为 2~5 米，机械化取料时宜为 5~20 米，以 2~3 天能将青贮原饲料装填完毕为原则。青贮池也应选择在地势干燥的地方。在青贮池四周 0.5~1.0 米处修排水沟，防止污水流入。

2. 青贮窖 青贮窖按照窖的形状，可分为圆形窖和长方形窖二种。按照窖的位置，可分为地上式、半地下半地上式和地下式三种。生产中多采用地下式。贮量多时，以长方形窖为好。但在地势低平、地下水位较高的地方，建造地下式窖易积水，可建造半地下、半地上式。青贮窖壁、窖底应用砖、水泥砌成。窖壁光滑、坚实、不透水、上下垂直，窖底呈锅底状。窖的大小根据饲养规模和饲喂量确定。

3. 青贮塔 青贮塔适用于机械化水平较高、饲养规模较大、经济条件较好的饲养场。用砖、石、水泥砌成，分全塔式和半塔式两种形式。半塔式的地下部分必须用石块砌成。塔壁需有足够强度，表面要光滑，不透水、不透气。塔的侧壁开有取料口，塔顶用不透水和不透气的绝缘材料制成，其上有一个可密闭的装料口。塔的直径为 4~6 米，高 6~16 米，容量 75~200 吨。半塔式青贮塔埋在地下的深度为 3~3.5 米，地上部分的高度为 4~6 米。青贮塔由于取出口较小，深度较大，饲料自重压紧程度大，含空气量很少，因此青贮养分损失较少。青贮塔便于实现机械化作业（装填和取料的机械自动程度高），但造价较高。

（四）兽医室

肉牛场应建有兽医室，以便能及时对牛只进行疾病防治。室内配备常用的消毒器械、诊断器械、手术器械、注射器械和药品等。

兽医室主要承担肉牛的疫病防控，确保持续、健康养殖。并要有相应的检疫制度、无害化处理制度、消毒制度、兽药使用制度等规章制度。兽医室的建造和配套要求符合 NY 5126—2002《无公害食品 肉牛饲养兽医防疫准则》所规定条件。

兽医室包括兽药保存室和准备操作室，通常设在隔离区。在建设时，兽药保存室和准备操作室尽量靠近。要求房屋布局合理，通风、采光良好，便于各种操作；室内具有上下水管道和设施，有能够承受一定负荷的电源；房屋内墙、地板应防水，便于消毒；操作台材质要防水，耐酸、碱、有机溶剂等。

（五）人工授精室

人工授精室，应包括采精室、精液处理室、输精室。室内要求光线充足，地面坚实。采精室和输精室可合用，面积为 20~30 平方米，设 1 个采精台，1~2 个输精架。精液处理室面积为 8~10 平方米。

四、肉牛舍建筑构造设计

牛舍的基本构造包括基础、地基、地面、墙、门窗、屋顶和运动场。

（一）基础和地基

基础是牛舍地面以下承受牛舍的各种负载，并将其传递给地基的构件。基础应具备坚固、耐久、防潮、防振、抗冻和抗机械作用能力。在北方通常用砖石做基础，埋在冻土层以下，埋深厚度不小于 50 厘米，防潮层应设在地面以下 60 毫米处。

地基是基础下面承受负载的土层，有天然、人工地基之分。天然地基的土层应具备一定的厚度和足够的承重能力，沙砾、碎石及不易受地下水冲刷的沙质土层是良好的天然地基。

（二）地面

肉牛舍地面是肉牛躺卧休息、排泄和生产的地方，是肉牛舍建筑中重要的组成部分，对牛只的健康有直接影响。通常情况下牛舍地面要高出舍外地面 20 厘米以上。由于我国南方和北方气候差异很大，地面的选材必须因地制宜、就地取材。

地面应坚实，可承载动物与设备；地面的粗糙可以保持摩擦力，但又不致磨伤牛蹄。行走区域地面多采用混凝土拉毛、凹槽或立砖地面，躺卧区域多采用沙土、垫料或橡胶地面，运动场多选用沙土或立砖地面。

1. 土质地面 属于暖地面（软地面）类型。土质地面柔软，富有弹性也不光滑，易于保温，造价低廉。缺点是不够坚固，容易出现小坑，不便于清扫消毒，易形成潮湿的环境。只能在干燥地区采用。用土质地面时，可混入石灰增强黄土的黏固性，粉状石灰和松散的粉土按 3∶7 或 4∶6 的体积比加适量水拌和而成灰土地面。也可用石灰：黏土：碎石（碎砖或矿渣）按 1∶2∶4 或 1∶3∶6 拌制成三合土。一般石灰用量为石灰土总重的 6%~12%，石灰含量越大，强度和耐水性越高。

2. 砖砌地面　属于冷地面（硬地面）类型。因砖的孔隙较多，导热性小，具有一定的保温性能。肉牛舍粪尿相混的污水较多，容易造成不良环境，又由于砖砌地面易吸收大量水分，破坏其本身的导热性，故地面易变冷变硬。砖地吸水后，经冻易破碎，加上本身易磨损的特点，容易形成坑穴，不便于清扫消毒。所以用砖砌地面时，砖宜立砌，不宜平铺。

3. 混凝土地面　属于硬地面。底层粗土夯实，中间层为 300 毫米厚粗砂石垫层，表层为 100 毫米厚混凝土，表层采用凹槽防滑，凹槽深度 1 厘米，间距3～5 厘米；其优点是结实、不透水、便于清扫消毒；缺点是造价高、地面太硬、导热性强、保温性能差。

（三）墙

墙是基础以上露出地面将肉牛舍与外部隔开的外围结构，墙体对畜舍的保温与隔热起着重要作用，因此应选用坚固耐用、防潮、经济实用的结构材料。一般多采用土、砖和石等材料。近年来建筑材料科学发展很快，许多新型建筑材料如金属铝板、彩钢板和隔热材料等，已经用于各类畜舍建筑中。用这些材料建造的畜舍，不仅外形美观、性能好，而且造价也不比传统的砖瓦结构建筑高多少，是大型集约化肉牛场建筑的发展方向。

墙要坚固保暖。墙壁根据经济条件决定用料，全部砖混结构或土木结构均可。无论采用哪种结构，都要坚固耐用。潮湿和多雨地区可采用墙基和边角用石头，砖垒一定高度，上边用土坯或打土墙建成。木头紧缺地区可用砖建拱顶牛舍，既经济又实用。

墙体分承重墙和非承重墙，前者除了需要满足构造要求外，还需要满足结构设计要求；后者只需要满足构造要求。墙体的结构材料与结构厚度由结构设计来确定，墙体的构造设计包括建筑材料选择、保温与隔热层厚度确定、防结露和墙体保护措施。

新建的肉牛舍应该优先选用新型砌体和复合保温板。特别是我国肉牛舍建设应该逐步采用装配式标准化牛舍，结构构件采用轻型钢结构，维护部分采用新型复合保温板，这样既可以加快肉牛舍建造速度，又可以降低造价。

肉牛舍内的空气相对湿度很大，特别是在封闭式肉牛舍中，下部牛体和地面水分不断蒸发，轻暖的水汽很快上升而聚集在肉牛舍上部，使上部和下部的湿度均较高，如果地面、墙壁和天棚的隔热性能差，温度很快低于露点，易在肉牛舍的内表面形成结露，甚至再结成冰。因此，冬季需要特别重视肉牛舍墙体的防结露。防结露措施主要由建筑热工来计算保温层厚度，确保冬季时墙体和屋面等非透明部分的内表面温度不低于允许值，构造设计主要解决一些局部的冷桥等问题。

墙体保护措施主要指墙体防潮层、面层和墙裙做法。肉牛舍内表面（墙体、屋顶或吊顶）经常处于潮湿环境当中，也经常需要消毒，所以应该采用水泥砂浆抹面或贴面砖等防潮措施；墙体应该做 1. 2~1. 5 米高的墙裙进行保护。

（四）门和窗

肉牛舍门和窗的设置既要有利于舍内通风干燥，又要保证舍内足够的光照，更要使舍内硫化氢、氨气、二氧化碳等气体尽快排出，同时还要便于地面积粪的出圈。

1. 门 肉牛舍外门一般要考虑生产管理用车的通行，其宽度应按所用车辆的使用要求来确定。肉牛舍门采用木门时应在门扇下部两面包 1. 2~1. 5 米高的铁皮，防止肉牛破坏。采用金属门时需要注意保温性和密闭性。

2. 窗 窗的作用是通风和采光，窗洞口尺寸应按照通风和采光要求来设计。平开窗构造简单，外开时不占舍内面积，便于安装纱窗，在肉牛舍中应用较多，但每一扇都需要人工开启。推拉窗居墙中安装时，通风面积会减少一半；而贴墙内外两侧安装时，轨道需要加长才能保证全部开启，使窗两侧空间能使用。转窗分为上悬、中悬、下悬三种，上悬窗开启时不占室内空间；中悬窗开启时占地较少，在肉牛舍中常用，而且可以采用机械开窗系统；下悬窗因为要保证窗扇向外倾斜以防雨水落入室内，故占用室内空间较多，一般不用。

（五）屋顶

屋顶具有防雨水和保温隔热的作用。要求选用隔热保温性能好的材料，并有一定厚度，结构简单，经久耐用，并且防雨、防火，便于清扫消毒。其材料有陶瓦、石棉瓦、木板、塑料薄膜、稻（麦）草、油毡等，也可采用彩色压型钢板和聚苯乙烯夹心板等新型材料。在寒冷地区可加天棚，其上可贮冬草，能增强肉牛舍保温性能。牛舍屋顶形式有单坡式、双坡式等，其中以双坡式最为常见。

屋面也分承重部分和非承重部分，承重部分材料及其尺寸内结构设计确定，构造设计主要解决保温、隔热、防水等问题。屋顶的结构形式有砖混结构、混凝土结构、钢结构和木结构。砖混结构适用于跨度小于 6 米的肉牛舍；混凝土结构和木结构适用于跨度小于 10 米的肉牛舍；钢结构可适用于大跨度的肉牛舍。砖混结构和混凝土结构结实耐用，但建设周期长，不适用于大跨度的肉牛舍；木结构造价低，在潮湿环境下容易腐蚀，而且防火要求高。对于规模化的肉牛场建设适宜采用钢结构，可以应用于大跨度牛舍，施工速度快，可以重复使用，但要注意钢构件表面的防锈处理。

（六）顶棚

顶棚又名天棚、天花板，主要用来增加房屋屋顶的保暖隔热性能，同时还能使坡屋顶内部平整、清洁、美观。吊顶所用的材料有很多种类，如板条抹灰吊顶、纤维板吊顶、石膏板吊顶、铝合金板吊顶等。肉牛舍内的吊顶应采用耐水材料制作，以便清洗消毒。天棚材料要求导热性小、不透水、不透气，本身结构要求简单、轻便、坚固耐久和有利于防火；表面要求平滑，保持清洁，最好刷成白色，以增加舍内光照。

顶棚的结构一般是将龙骨架固定在屋架或檩条上，然后在龙骨架上铺钉板材。

不论在寒冷的北方或炎热的南方，天棚上铺设足够厚度的保温层（或隔热层），是提高天棚保温隔热性能的关键，而结构严密（不透水、不透气）则是提高保温性能的重要保证。

（七）运动场

一般运动场面积应为肉牛舍面积的 2~2.5 倍，成年肉牛运动场面积可按 15 米^2/头计算。其位置排列根据牛舍建筑的位置和大小可位于肉牛舍的侧面或背面，但规模较大的肉牛舍宜建在肉牛舍的两个背面，运动场周边可设围栏，高 1.2~1.5 米。中间可隔成多个小运动场，便于分群管理。运动场地面可用砖、水泥、石板和沙质土壤，便于排水和保持干燥。不得高于肉牛舍地面，周边应有排水沟，保持干燥和便于清扫。运动场边设饮水槽，并有遮阳棚或者绿植，以抵挡夏季烈日。

（八）消毒池

消毒池在人员消毒间的进口和每幢肉牛舍的人员入口处。消毒池的进出口处常用 1∶(5~8) 的坡度和地面连接，池深一般为 10~15 厘米，消毒池一般要用混凝土浇筑，表面用 1∶2 的水泥砂浆抹面。

五、肉牛舍建筑工程材料

（一）基础材料

肉牛舍基础是肉牛舍地下承重部分，它承受由承重墙和柱等传递来的一切重量，并将其下传给地基。因此，基础要求具有足够的强度和稳定性，以保证肉牛舍的坚固、耐久和安全。基础的类型较多，按基础所用材料及受力特点分为刚性基础和非刚性基础；按所在位置可分为墙基础和柱基础两类。用刚性材料制作的基础称为刚性基础。刚性材料一般是指抗压强度高，而抗拉和抗剪强度低的材料。常用的砖、石、混凝土等均属刚性材料。

刚性基础常用于地基承载力较好、压缩性较小的中小建筑。

非刚性基础也叫柔性基础。常用于建筑物的荷载较大而地基承载力较小的建筑物中。

1. 各种刚性基础的材料和特点

(1) 普通烧结砖。主要用于砌筑砖基础，采用台阶式逐级向下放大的做法，称之为大放脚。为满足刚性角的限制，一般采用每两批砖挑出 1/4 砖或每两批砖与每一批砖挑出。砌筑砖基础前基槽底面要铺 20 毫米厚沙垫层。具有造价低、制作方便的优点，但取土烧砖不利于保护土地资源，目前一些地区已禁止采用黏土砖，可采用各种工业废渣砖和砌块代替。由于砖的强度和耐久性较差，所以，砖基础多用于地基土质好、地下水位较低的多层砖混结构建筑。

（2）毛石。由石材和砂浆砌筑毛石基础。石材抗压强度高、抗冻、耐水性和耐腐蚀性都较好，砂浆也是耐水材料，所以，毛石基础常用于受地下水侵蚀和冰冻作用的多层民用建筑。毛石基础剖面多为阶梯形，基础顶面要比墙或柱每边宽出 100 毫米，每个台阶挑出的宽度不应大于 200 毫米，高度不宜小于 400 毫米，以确保符合高宽比不大于 1∶1.5 或 1∶1.25 刚性角的要求。当基础底面宽度小于 700 毫米时，毛石基础应做成矩形截面。

（3）混凝土。混凝土基础具有坚固耐久、可塑性强、耐腐蚀、耐水、刚性角较大等特点，可用于地下水位高和有冰冻作用的地方。混凝土基础断面可以做成矩形、梯形和台阶形。为方便施工，当基础宽度小于 350 毫米时，多做成矩形；大于 350 毫米时，多做成台阶形；当底面宽度大于 2 000 毫米时，为节省混凝土，减轻基础自重，可做成梯形。混凝土基础的刚性角为 45°，台阶形断面台阶宽高比应小于 1∶1 或 1∶1.5，而梯形断面的斜面与水平面的夹角应大于 45°。

2. 柔性基础的材料和特点 柔性基础的材料即钢筋混凝土。利用基础底部的钢筋来承受拉力，可节省大量的土方工作量和混凝土材料用量，对工期和节约造价都十分有利。基础中受力钢筋的直径不宜小于 8 毫米，数量通过计算确定，混凝土的强度等级不宜低于 C20。施工时在基础和地基之间设置强度等级不低于为 C10 的混凝土垫层，其厚度宜为 60~100 厘米。钢筋距离基础底部的保护层厚度不宜小于 35 毫米。

（二）墙体材料

1. 烧结砖 砖按孔洞率分有：无孔洞或孔洞率小于 15%的实心砖（普砖）；孔洞率等于或大于 15%，孔的尺寸小而数量多的多孔砖；孔洞率等于或大于 15%，孔的尺寸大而数量少的空心砖等。

凡经焙烧而制成的砖称为烧结砖。烧结砖根据其孔洞率大小分别有烧结普通砖、烧结多孔砖和烧结空心砖三种。

（1）烧结普通砖。黏土、页岩、煤矸石、粉煤灰等原料的化学组成相近，都可用作烧结普通砖的主要原料。因此，烧结普通砖有黏土砖、页岩砖、煤矸石砖、粉煤灰砖等多种，目前一些地区已禁止采用黏土砖。烧结普通砖的长度为 240 毫米，宽度为 115 毫米，厚度为 53 毫米，烧结砖是以上述原料为主，并加入少量添加料，经配料、混匀、制坯、干燥、预热、焙烧而成。

烧结普通砖根据 10 块砖样的抗压强度平均值和强度标准值，分为 MU30、MU25、MU20、MU15、MU10 和 MU7.5 共 6 个强度等级。烧结普通砖有一定的强度、较好的耐久性，可用于砌筑承重或非承重的内外墙、柱、拱、沟道和基础等。

（2）烧结多孔砖。烧结多孔砖是以黏土、页岩、煤矸石等为主要原料，经焙烧而成。烧结多孔砖为大面有孔的直角六面体，孔多而小孔洞垂直于受压面。砖的主要规格为 M 型（190 毫米×190 毫米×90 毫米），P 型（240 毫米×115 毫米×90 毫米）。

烧结多孔砖孔洞率在 15%以上，表观密度为 1 400 千克/米^3 左右，虽然多孔砖具有一定的孔洞率，使砖受压时有效受压面积减小，但因制坯时受较大的压力，使砖孔壁致密程度提高，且对原材料要求也较高，这就补偿了因有效面积减少而造成的强度损失。故烧结多孔砖的强度仍较高，常被用于砌筑6 层以下的承重墙。

（3）烧结空心砖。烧结空心砖是以黏土、页岩、煤矸石等为主要原料，经焙烧而成。烧结空心砖为顶面有孔洞的直角六面体，孔大而少，孔洞为矩形条孔或其他孔形，平行于大面和条面，在与砂浆的结合面上应设有增加结合力的深度 1 毫米以上的凹线槽。

烧结空心砖，孔洞率一般在 35%以上，表观密度 800~1 100 千克/米^3，自重较轻，强度不高，因而多用作非承重墙，如多层建筑内隔墙或框架结构的填充墙等。多孔砖、空心砖可节省资源，且砖的自重轻、热工性能好，使用多孔砖尤其是空心砖和空心砌块，既可提高建筑施工效率，降低造价，还可减轻墙体自重，改善墙体的热工性能等。

2. 蒸养（压）砖 蒸养（压）砖是以石灰和含硅材料（沙子、粉煤灰、煤矸石、炉渣和页岩等）加水拌和，经压制成型、蒸汽养护或蒸压养护而成。我国目前使用的主要有灰沙砖、粉煤灰砖、炉渣砖等。

（1）灰沙砖（又称蒸压灰沙砖）。灰沙砖是由磨细生石灰或消灰粉、天然沙和水按一定配比，经搅拌混合、沉积、加压成型，再经蒸压（一般温度为 175~203 ℃、压力为 0.8~1.6 毫帕的饱和蒸汽）养护而成。实心灰沙砖的规格尺寸与烧结普通砖相同，其表观密度为 1 800~1 900 千克/米^3，导热系数约为 0.61 瓦/（米·开）。按砖浸水 24 小时后的抗压强度和抗折强度分为 MU 25、MU 20、MU 15、MU 10 四个等级，每个强度等级有相应的抗冻指标。

（2）粉煤灰砖。粉煤灰砖是以粉煤灰、石灰为主要原料，添加适量石膏和骨料经坯料制备、压制成型、常压或高压蒸汽养护而成的实心砖。

粉煤灰具有火山灰性，在水热环境中，在石灰的碱性激发和石膏的硫酸盐激发共同作用下，形成水化硅酸钙、水化硫铝酸钙等，而获得一定的强度。

粉煤灰砖可用于工业与民用建筑的墙体和基础，但用于基础或易受冻融和干湿交替作用的建筑部位必须使用一等砖与优等砖。粉煤灰砖不得用于长期受热（2 000 ℃以上），受急冷、急热和有酸性介质侵蚀的建筑部位。用粉煤灰砖砌筑的建筑物，应适当增设圈梁及伸缩缝，或采取其他措施，以避免或减少收缩裂缝的产生。粉煤灰砖出釜后宜存放1周后才能用于砌筑。砌筑前，粉煤灰砖要提前浇水湿润，如自然含水率大于10%时，可以干砖砌筑。砌筑砂浆可用掺加适量粉煤灰的混合砂浆，以利黏结。

（3）炉渣砖。炉渣砖又名煤渣砖，是以煤燃烧后的炉渣为主要原料，加入适量石灰、石膏（或电石渣、粉煤灰）和水搅拌均匀，并经陈伏、轮碾、成型、蒸汽养护而成。

炉渣砖呈黑灰色，表观密度一般为1 500~1 800千克/米^3，吸水率6%~18%。炉渣砖按抗压强度和抗折强度分为MU 20、MU 15、MU 103个强度等级。

炉渣砖可用于一般工程的内墙和非承重外墙。其他使用要点与灰砂砖、粉煤灰砖相似。

3. 砌块 砌块是用于砌筑的人造块材，外形多为直角六面体，也有各种异形的。当系列中主规格的高度大于115毫米而又小于380毫米的砌块，简称为小砌块；当系列中的主规格的高度为380~980毫米的砌块，称为中砌块；当系列中主规格的高度大于980毫米的砌块称为大砌块。砌块按其空心率大小分为空心砌块和实心砌块两种。空心率小于25%或无孔洞的砌块为实心砌块；空心率等于或大于25%的砌块为空心砌块。砌块通常又可按其所用主要原料及生产工艺命名，如水泥混凝土砌块、粉煤灰硅酸盐砌块、混凝土砌块、多孔混凝土砌块、石膏砌块、烧结砌块等。制作砌块能充分利用地方材料和工业废料，且制作工艺不复杂。砌块尺寸比砖大，施工方便，能有效提高劳动生产率，还可改善墙体功能。

（1）混凝土小型空心砌块。混凝土小型空心砌块是由水泥、粗细骨料加水搅拌，经装模、振动（或加压振动或冲压）成型，并经养护而成；其粗、细骨料可用普通碎石或卵石、沙子，也可用轻骨料（如陶粒、煤渣、煤矸石、火山渣、浮石等）及轻砂。混凝土小型空心砌块可用于低层和中层建筑的内墙和外墙。使用砌块作墙体材料时，应严格遵照有关部门所颁布的设计规范与施工规程。这种砌块在砌筑时一般不宜浇水，但在气候特别干燥炎热时，可在砌筑前稍喷水湿润。砌筑时尽量采用主规格砌块，并应先清除砌块表面污物和芯柱所用砌块孔洞的底部毛边。采用反砌（即砌块底面朝上），砌块之间应对孔错缝搭接。砌筑灰缝宽度应控制在8~12米，所埋设的拉结钢筋或网片，必须放置在砂浆层中。承重墙不得用砌块和砖混合砌筑。

（2）粉煤灰硅酸盐中型砌块。粉煤灰硅酸盐砌块简称粉煤灰砌块。粉煤灰中型砌块是以粉煤灰、石灰、石粉和骨料等为原料，经加水搅拌、振动成型、蒸汽养护而制成的密实砌块。通常采用炉渣作为砌块的骨料。粉煤灰砌块原材料组成间的互相作用及蒸养后所形成的主要水化产物等，与粉煤灰蒸养砖相似。

粉煤灰砌块可用于一般工业和民用建筑的墙体和基础。但不宜用于有酸性介质侵蚀的建筑部位，也不宜用于经常处于高温影响下的建筑物，如铸铁和炼钢车间、锅炉房等的承重结构部位。砌块在砌筑前应清除表面的污物及黏土。常温施工时，砌块应提前浇水湿润，湿润程度以砌块表面呈水印为准。冬季施工砌块不得浇水湿润。砌筑时砌块应错缝搭砌，搭砌长度不得小于块高的1/3，也不应小于15厘米。砌体的水平灰缝和垂直灰缝一般为15~20毫米（不包括灌浆槽），当垂直灰缝宽度大于30毫米时，应用C20细石混凝土灌实。粉煤灰砌块的墙体内外表面宜进行粉刷或采用其他饰面，以改善隔热、隔声性能，并防止外墙渗漏，提高耐久性。

（3）蒸压加气混凝土砌块。蒸压加气混凝土砌块是以钙质材料和硅质材料及加气剂、少量调节剂，经配料、搅拌、浇筑成型、切割和蒸压养护而成的多孔轻质块体材料。原料中的钙质材料和硅质材料可分别采用石灰、水泥、矿渣、粉煤灰、砂等。根据所采用的主要原料不同，加气混凝土砌块也相应有水泥—矿渣—砂、水泥—石灰—砂、水泥—石灰—粉煤灰三种。加气混凝土砌块可用于一般建筑物的墙体，可作多层建筑的承重墙和非承重外墙及内隔墙，也可用于屋面保温。

4. 预应力混凝土空心墙板　预应力混凝土空心墙板，简称预应力空心墙板，是以高强度低松弛预应力钢绞线、水泥及砂、石为原料，经张拉、搅拌、挤压、养护、放张、切割而成。使用时按要求可配以泡沫聚苯乙烯保温层、外饰面层和防水层等。其外饰面层可做成彩色水刷石、剁斧石、喷砂、釉面砖等多种式样。预应力空心墙板可用于承重或非承重外墙板、内墙板、楼板、屋面板、雨罩和阳台板等。

5. 轻型复合板　轻型复合板除上述的钢丝网水泥夹心板外，还有用各种高强度轻质薄板为外层、轻质绝热材料为芯材而组成的复合板。外层板材可用彩色镀锌钢板、铝合金板、不锈钢板、高压水泥板、木质装饰板、塑料装饰板及其他无机材料、有机材料合成的板材。轻质绝热芯材可用阻燃型发泡聚苯乙烯、发泡聚氨酯、岩棉和玻璃棉等。这类板的共同特点是质轻、隔热、隔声性能好，且板外形多变、色彩丰富。

例如，以镀锌彩色钢板为面层，阻燃型发泡聚苯乙烯作芯材的轻质隔热夹心板，板重量为10~14千克/米^3，导热系数为0.031瓦/（米·开），且具有较好的抗弯、抗剪等力学性能和良好的防潮性能，安装灵活快捷，还可多次拆装，重复使用。这种板可用于一般工业与民用建筑，还可用于加层、组合式活动房、室内隔断、天棚、冷库等。

（三）屋顶材料

随着现代畜牧业的发展，畜牧建筑的内部环境调控要求也在不断提高，而屋面是建筑物重要的围护结构，目前我国用于牛舍建筑屋面的材料有各种材质的瓦和复合板材。

1. 黏土瓦 黏土瓦是以黏土为主要原料，加适量水搅拌均匀后，经模压成型或挤出成型，再经干燥、焙烧而成。制瓦的黏土应杂质含量少、塑性好。黏土瓦按颜色分红瓦和青瓦两种，按用途分为平瓦和脊瓦两种，平瓦用于屋面，脊瓦用于屋脊。

2. 混凝土瓦 混凝土平瓦的标准尺寸有 400 毫米×240 毫米和 385 毫米×235 毫米两种。单片瓦的抗折力不得低于 600 牛顿，抗渗性、抗冻性应符合要求。混凝土平瓦耐久性好、成本低，但自重大于黏土瓦。在配料中加入耐碱颜料，可制成彩色瓦。

3. 石棉水泥瓦 石棉水泥瓦是以水泥和温石棉为原料，经加水搅拌、压滤成型、养护而成。石棉水泥瓦分大波瓦、中波瓦、小波瓦和脊瓦四种。石棉水泥瓦单张面积大，有效利用面积大，还具有防火、防腐、耐热、耐寒、质轻等特性，适用于简易工棚、仓库及临时设施等建筑物的屋面，也可用于装敷墙壁。但石棉纤维对人体健康有害，现正采用耐碱玻璃纤维和有机纤维生产水泥波瓦。

4. 彩色压型钢板 彩色压型钢板是指以彩色涂层钢板或镀锌钢板为原材，经辊压冷弯成型的建筑用围护板材。彩色涂层钢板各项指标应符合 GB/T 12754—2006《彩色涂层钢板及钢带》的规定，建筑用彩色涂层钢板的厚度包括基板和涂层两部分，压型钢板的常用板厚为 0.5~1.0 毫米，屋面一般为瓦楞型，常见的规格为 750 型、820 型。

5. 聚氯乙烯波纹瓦 聚氯乙烯波纹瓦又称塑料瓦楞板，它是以聚氯乙烯树脂为主体，加入其他配合剂，经塑化、压延、压滤而制成的波形瓦，其规格尺寸为 2 100 毫米×（1 100~1 300）毫米×（1.5~2）毫米，这种瓦质轻、防水、耐腐、透光、有色泽，常用作车棚、凉棚、果棚等简易建筑的屋面，另外也可用作遮阳板。

6. 玻璃钢波形瓦 玻璃钢波形瓦是用不饱和聚酯树脂和玻璃纤维为原料，制成的波形瓦，其尺寸为：长 1 800~3 000 毫米、宽 700~800 毫米、厚 0.5~1.5 毫米。这种波形瓦质轻、强度大、耐冲击、耐高温、透光、有色泽，适用于建筑遮阳板及凉棚等的屋面。

7. 沥青瓦　沥青瓦是以玻璃纤维薄毡为胎料，以改性沥青为涂敷材料而制成的一种片状屋面材料。其特点是质量轻，可减少屋面自重，施工方便，具有互相黏结的功能，有很好的抗风能力。制作沥青瓦时，表面可撒以各种不同色彩的矿物粒料，形成彩色沥青瓦，可起到对建筑物装饰美化的作用。沥青瓦适用于一般民用建筑的屋面，彩色沥青瓦宜用于乡村别墅、园林宅院、斜坡屋面工程。

可用于屋面的板材还有多种，也可根据当地常用建筑材料需满足正常使用。

第六章 规模化肉牛场养殖设备及饲草加工设备

一、规模化肉牛场养殖设备

（一）卧栏

卧栏（图6-1）包括卧床、隔栏、卧床基础和垫料。常用于肉牛良种繁育场，又分散栏式和拴系式卧栏。散栏式卧栏使牛只采食和休息的区域完全分开，以便为之提供清洁、干燥、舒适的休息环境；拴系式卧栏是肉牛的主要活动场所，采食和休息的区域在一起。卧栏中隔栏长度要比卧床短36厘米左右，卧床尺寸参数见表6-1。

表6-1 卧床尺寸

体重（千克）	卧床尺寸			
	牛床宽度（米）	牛床躺卧长度（米）	头部空间（米）	牛床总长（米）
500	1.13	1.58	0.47	2.01
600	1.17	1.66	0.48	2.10
700	1.21	1.72	0.50	2.17

1. 卧床垫料 粗沙、橡胶垫、废轮胎、木板、锯末、干牛粪、花生皮、碎秸秆、稻草等。

2. 卧床基础 沙子作垫料时常采用素土夯实；橡胶、木板等作垫料时常采用混凝土或砖。

（二）颈枷与食槽

1. 颈枷 应根据本场具体需要和工艺选择颈枷。繁殖母牛场可采用自锁式颈枷，肉牛养殖一般不采用自锁式颈枷。柱式颈枷适用于体重为300~500千克的肉牛，柱距0.18~0.25米。

2. 食槽 食槽是关键的饲喂设备之一。食槽（图6-2）设在牛床的前面，以固定式水泥槽最适用，其上宽0.6~0.8米，底宽0.35米，底呈弧形。槽内

图 6-1　卧栏

缘高 0.35 米（靠牛床一侧），外缘高 0.6～0.8 米。食槽一般做成统槽式，其长度和牛床的宽度相同。

图 6-2　食槽

3. 饲料通道　在食槽前面设有饲料通道，用作运送、分发饲料，应根据运料工具和操作时必需的宽度来决定其尺寸，人工喂料时宽度一般为 1.2～1.5 米，全混合日粮（TMR）饲喂通道为 2.8～3.6 米。人工饲喂通道如图 6-3 所示，机械饲喂通道如图 6-4 所示。

图 6-3　人工饲喂通道

图 6-4　机械饲喂通道

（三）饮水设备

拴系式饲养饮水设备主要是饮水碗或以食槽兼水槽，饮水碗（图 6-5）设在相邻卧栏隔栏的固定柱上，安装高度要高出卧床 70~75 厘米。一般每两头牛提供一个饮水碗。

散栏式牛场常用的饮水器是饮水槽，宽 40~60 厘米，深 40 厘米，水槽高度不宜超过 70 厘米，水槽内水深以 15~20 厘米为宜，一个水槽满足 10~30 头牛的饮水需要，寒冷地区要防止水槽结冰，有条件的牛场可选用恒温水槽（图 6-6）。

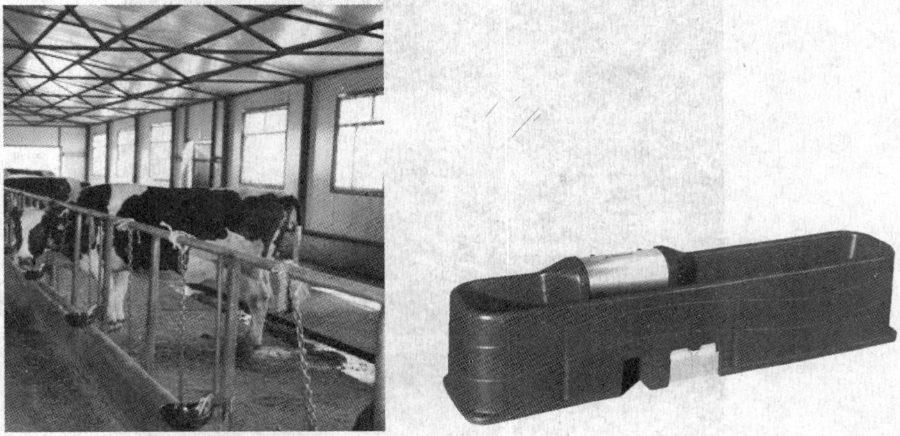

图 6-5　饮水碗

图 6-6　恒温水槽

（四）清粪设备

1. 粪尿沟　人工清粪牛舍一般在牛床和通道之间设置粪尿沟，粪尿沟要求不渗漏和壁面光滑。沟宽 30~40 厘米，深 10~15 厘米，纵向排水坡度 1%~2%。

2. 清粪通道　宽度要满足运输工具的往返，一般为 150~170 厘米。清粪通道同时也是牛只出入的通道，清粪通道一般需设置一定的坡度，并设置防滑凹槽。

二、规模化肉牛场饲草加工设备

1. 饲料加工搅拌设备　规模化肉牛场可采用 TMR 搅拌车，按搅拌方式可分为立式搅拌车（图 6-7）和卧式搅拌车（图 6-8）；按机动情况可分为固定式搅拌车（图 6-9）和移动式搅拌车（图 6-10）。

2. 饲草饲料加工设备　牧草收割打捆机（图 6-11）、铡草机、揉搓机收割机（图 6-12）、青贮切割机（图 6-13）等，可用于完成对饲料原料的收割、

图 6-7　立式搅拌车

图 6-8　卧式搅拌车

图 6-9　固定式搅拌车

图 6-10　移动式搅拌车

揉切、粉碎、混合等。

图 6-11　牧草收割打捆机

图 6-12　收割机

图 6-13　青贮切割机

第七章　规模化肉牛场粪污处理及无害化设施设计

一、肉牛粪污产生量

肉牛粪污产生量见表 7-1。

表 7-1　肉牛粪污产生量

项目 畜种	饲养期（天）	每日产生量（千克）		收集系数
		粪量	尿量	
成年牛	365	30~50	13~25	0.4~0.5
育成牛	365	10~20	5~10	0.4~0.5
犊牛	180	3~7	2~5	0.4~0.5

二、粪便处理设施的设计

（一）储粪场的设计

储粪场最小容积为储存期内粪便产生总量。储粪场必须有足够的空间来储存粪便，在满足最小储存容积条件下设置预留空间，一般将深度或高度增加 0.5 米以上，堆积高度为 1.2~1.5 米。储存期一般为当地农业生产使用肥料的最长间隔期。储粪场必须采取防渗、防漏和防雨措施。适用于周边有大量农田的小规模肉牛场。

（二）好氧发酵设施的设计

好氧发酵设施，主要发酵形式有条形堆腐处理、大棚发酵槽处理和密闭发酵塔堆腐处理。其最小容积为堆腐时间内粪便产生总量和垫料体积总和。

1. 条形堆腐处理　条形堆腐处理是指，在敞开的棚内或露天将畜禽粪便堆积成宽 1.5 米、高 1 米的条形进行自然发酵的过程，在发酵过程中，根据堆内温度，人工或机械翻倒，发酵温度在 45 ℃以上堆腐时间需 3~6 个月。

2. 大棚发酵槽处理　大棚发酵槽处理是指修筑宽 8~10 米、长 60~80 米、高 1.3~1.5 米水泥槽，畜禽粪便置入槽内并建设大棚进行发酵的过程，利用翻倒机翻倒，发酵温度 50 ℃以上堆腐时间 20 天左右。

3. 密闭发酵塔堆腐处理　是指保持发酵温度 90 ℃以上的时间不少于 1 天的发酵处理过程。适用于周边没有充足农田的肉牛场或者大规模肉牛场。

三、废水处理设施的设计

（一）沉淀池的设计

1. 设计容积　沉淀池的有效容积等于设计流量乘以设计水力滞留期。当污水是自流进入沉淀池时，应按最大流量作为设计流量；当用水泵提升时，应按水泵的最大组合流量作为设计流量，同时应采用降雨时的设计流量校核。水力滞留期一般为 15~60 天。若进水 TS（总固体含量）浓度低可适当缩短沉淀池的水力滞留期，进水 TS 浓度高时可适当延长沉淀池的水力滞留期。

2. 沉淀池数量　对于肉牛养殖场，沉淀池应不少于 3 座，并考虑 1 座发生故障时，其余工作的沉淀池能够负担全部流量。

3. 沉淀池的构造尺寸　沉淀池高不应小于 0.3 米；有效水深宜采用2.0~4.0 米；每格长度与宽度之比不宜小于 4，长度与有效水深之比不宜小于 8，池长不宜大于 60 米。

（二）厌氧消化器的设计

结合国家有关部门的推荐工艺和多年的实践经验，考虑到粪污处理设施的运行成本和效果，重点推荐种养相结合的“能源生态型”粪污处理工艺。适合该工艺的厌氧消化器主要有升流式固体反应器（USR）、全混合厌氧消化器（CSTR）和塞流式反应器（PFR）。厌氧消化宜采用中温发酵（35 ℃左右），也可采用近中温发酵（25~30 ℃）。

1. 中温发酵主要设计参数　中温发酵厌氧消化器主要设计参数见表 7-2。

表 7-2　中温发酵厌氧消化器主要设计参数

序号	项目	单位	USR	CSTR	PFR
1	温度	℃	35 左右	35 左右	35 左右
2	水力滞留期	d	8~15	10~20	15~20
3	TS 浓度	%	3~5	3~6	7~10

厌氧发酵温度高时可适当缩短厌氧消化器的水力滞留期，厌氧发酵器温度低时可适当延长厌氧发酵器的水力滞留期。

2. 厌氧发酵器的总有效容积　厌氧发酵器的总有效容积，可按下面公式计算：

$$V=TQ$$

式中：V——厌氧发酵器的总有效容积，单位为立方米；

Q——设计处理量，单位为米^3/天；

T——设计水力滞留期，单位为天。

3. 其他 升流式固体反应器一般采用立式圆柱形，有效高度6~12米；塞流式高浓度厌氧反应器，大多采用半地下或地上建筑。厌氧反应器的具体要求符合NY/T 1222—2006《规模化畜禽养殖场沼气工程设计规范》。

第八章　规模化肉牛场繁育及人工授精技术

一、牛群繁殖指标

编制繁殖计划，首先要确定繁殖指标。最理想的繁殖率应达100%，产犊间隔为12个月，但这是不易办到的。常用的衡量繁殖力的指标有：受配率、受胎率、配种指数、产犊率、产犊指数、犊牛成活率、年繁殖率、繁殖成活率、繁殖牛群结构等。

（一）受配率

一个地区牛的受配率表示1年内该地区（或群体）参加配种的母牛数占该区（群）内所有适繁母牛数百分率。由此可以反映出该区（群）内繁殖母牛的发情、配种及其管理状况。受配率的计算公式为

受配率=（年内与配母牛数/年内存栏适繁母牛数）×100%

发情、配种管理良好受配率应达到100%，受配率低于90%意味着牛场管理水平不高。

（二）受胎率

1. 总受胎率　一个年度内受胎母牛头数占配种母牛头数的百分率。此项指标反映了牛群的受胎情况，可以衡量年度内的配种计划完成情况。

统计方法：①统计日期为繁殖年度，即由上年10月1日至本年9月30日。②繁殖年度内受胎2次以上的母牛（包括正产两胎和流产后受胎），受胎头数和配种头数分别统计。③配种后2个月以内出群（淘汰、死亡、出售等）的不参加统计，配种2个月后出群的一律参加统计。④以配种2个月的妊娠结果作为确认受胎头数的最低期限（也作为以下指标中的定胎期限）。一般正常年总受胎率在90%左右，范围85%~95%。

总受胎率=（年内受胎母牛头数/年内配种母牛的总头数）×100%

2. 情期受胎率　在一定的期限内（一般按年度计算），受胎母牛数占该期内与配母牛配种总情期数的百分率。受胎母牛至少有一个情期，还有的牛有数

个情期可能又未受胎。统计方法：①凡输精的情期均应统计在内。如最后一次配种距出群日不足 2 个月的牛，该情期不参加统计，但此情期以前的情期配种必须参加统计。②统计日期由上年 10 月 1 日至本年的 9 月 30 日。一般年情期受胎率≥50%。

情期受胎率=（受胎母牛头数/一定期限内配种牛总情期数）×100%

3. 第一次授精情期受胎率 表示第一次配种就受胎的母牛数占第一情期配种母牛总数的百分率。该指标可反映出公牛精液的授精力及对母牛的繁殖管理水平。一般第一次授精情期受胎率高于年情期受胎率。第一次、第二次、第三次授精情期受胎率逐次降低。

第一次授精情期受胎率

=（第一次情期受胎母牛头数/第一次情期配种母牛总数）×100%

（三）配种指数

配种指数是指母牛每次受胎平均所需的配种次数。配种指数一般为 1.5~2，若配种指数超过 2 则意味着配种工作没有做好。

配种指数=受胎母牛配种的总情期数/妊娠母牛头数

（四）产犊率

产犊率是指分娩的母牛数占妊娠母牛数的百分率。

产犊率=（产犊母牛数/妊娠母牛总数）×100%

产犊率一般在 95%以上。

（五）产犊指数

产犊指数又称产犊间隔或平均胎间隔，即母牛连续两次产犊间的时间间隔，以平均天数表示，是牛群繁殖力的综合指标。肉牛理想的繁殖周期是一年产一胎，即胎间距 365 天，但不容易做到，比较切合实际的胎间距范围为 400 天左右，产后适宜的配妊时间为 45~100 天。统计方法：按自然年度统计，即 1 月 1 日至 12 月 31 日。未足月活产和足月（270 天以上）早产母牛参加产犊间隔统计，但流产母牛均不参加统计。

产犊指数（产犊间隔）

=母牛群两次产犊间隔天数的总和/计算期内的总产犊间隔数

（六）犊牛成活率

犊牛成活率是指出生后 3 个月时成活的犊牛数占产活犊牛数的百分率。由此可以看出犊牛培育的成绩。

犊牛成活率=生后 3 个月犊牛成活数/总产活犊牛数×100%

犊牛存活率一般为 95%~99%。

（七）年繁殖率

年繁殖率是指年产犊母牛数占年可繁母牛数的百分率。

年繁殖率=年产犊母牛数/年可繁母牛数×100%

统计方法：①按自然年度统计，年内生两胎的以两头计算。一次产双胎的以一头计算；早产在妊娠达7个月以上的参加年实际产犊母牛头数统计，不满7个月的不计入年实际产犊母牛头数。②年初可繁殖母牛头数指年初（1月1日）起的成年母牛头数和年初满18个月龄的和年初虽未满18月龄，但在本年度产犊的头数。③凡年内调入的母牛，在调入后分娩的，分子、分母同时计入；未分娩的，不统计。一般年繁殖率≥85%。

（八）繁殖成活率

繁殖成活率是指本年度内所断奶成活的犊牛数占该年牛群中适繁母牛总数的百分率。这是一个总效率的反映，有时也把该指标叫作牛群的繁殖效率。一般年繁殖率≥75%。

繁殖成活率=年内断奶成活犊牛总数/年内适繁母牛数×100%

（九）繁殖牛群结构

可繁母牛比例应保持在45%~50%。饲草料缺乏且不利于开展育肥的县市，可繁母牛的比例应该更高一些；有育肥条件的县市，可繁母牛也至少应保持在30%左右。

理想总体牛群结构：可繁母牛50%，后备母牛15%，育肥牛35%。出栏率达到45%。

二、肉牛配种产犊计划制订

配种产犊计划是肉牛场年度生产计划的重要组成部分，是完成肉牛场繁殖、育种任务的重要措施和基本保证。同时，配种产犊计划又是制订牛群周转计划和饲料供应计划的重要依据。制订本计划可以明确计划年度各月份参加配种的成年母牛、头胎牛和育成牛的头数及各月份分布，以便做到计划配种和生产。

（一）编制计划的必备资料

编制计划的必备资料包括：

（1）上年度经产、初产、初配母牛最后一次实际配种日期和产后未配种的经产、初产母牛的产犊日期，查出各月份配种妊娠牛的头数，即上年度母牛分娩、配种记录。

（2）上年度的育成母牛出生日期、月龄及发育等情况，即前年和上年度所生的育成母牛的出生日期记录。

（3）本牛场配种产犊类型及历年的牛群配种繁殖成绩。

（4）计划年度内预计淘汰的成母牛和育成母牛的头数和时间。

（5）上年度繁殖母牛的年龄、胎次、营养、健康、繁殖性能等情况。

（6）当地气候特点、饲料供应、鲜奶销售情况及本场牛舍建筑设备情况，特别是产房与犊牛培育设施等方面的条件等。

（二）规定与原则

规定与原则如下：

（1）经产、初产母牛产犊后的配种时期（产后第一次发情即配种，超过产后60天不发情，实施人工发情）。

（2）育成母牛初配年龄为15月龄以上，出现2~3个正常发情周期。

（3）牛只淘汰原则和标准。凡年龄超过10年者、连续3个情期配种不孕者、习惯性流产者均淘汰。

（4）规定牛群的情期受胎率、总受胎率、流产死胎率与犊牛成活率等。

（5）结合人工促情、同期发情等技术，进行批次生产，便于管理。

（三）编制计划的方法与步骤

以某牛场为例，2014年1~12月受胎的成母牛和育成牛数分别为25、5，29、3，24、2，30、0，26、3，29、1，23、5，22、6，23、0，25、2，24、3，29、2；2013年11、12月分娩的成母牛数分别为29、24，10、11、12月分娩的头胎母牛数分别为5、3、2；2013年6月至2008年5月各月所生育成牛的头数分别为4、7、9、8、10、13、6、5、3、2、0、1；2014年年底配种未孕母牛20头。该牛场定为常年配种产犊，经产母牛分娩2个月后配种，头胎母牛分娩3个月后配种，育成母牛满18个月配种；2014年各月估计情期受胎率分别为53%、52%、50%、49%、55%、62%、62%、60%、59%、57%、52%、45%，为此牛场编制2015年度全群配种产犊计划。具体的方法与步骤如下：

（1）绘制牛群配种产犊计划表。

（2）将2014年各月受胎的成年母牛和育成母牛头数分别填入“上年受胎母牛头数”栏相应月份中。

（3）根据受胎月份减3（或加9）为分娩月份，则2014年4~12月受胎的成年和育成母牛应分别在本年1~9月产犊（1~3月受胎的母牛当年10~12月产犊），分别填入“本年产犊母牛头数”栏相应项目中。

（4）2014年11、12月分娩的成年母牛及10、11、12月分娩的头胎母牛，应分别在本年1、2月及1、2、3月配种，应分别填入“本年配种母牛头数”栏相应项目中。

（5）2013年6月至2014年5月所生的育成母牛，到2009年1~12月年龄陆续达到18月龄而参加配种，分别填入“本年配种母牛头”栏相应项目中。

（6）2014年年底配种未孕的20头母牛，安排在本年1月配种，填入“本年配种母牛头数”栏复配母牛中。

(7) 将本年各月预计情期受胎率分别填入“本年度配种母牛头数”相应项目中。

(8) 累加本年1月配种母牛总头数，填入该月“合计”中，则1月的估计情期受胎率乘以该月“成母牛+头胎母牛+复配母牛”之和，得29，即该月这三类牛配种受胎头数。同法，计算出该月育成母牛的配种受胎头数为2，分别填入“本年产犊母牛头数”10月项目中。

(9) 本年1~10月产犊的成年母牛和本年1~9月产犊育成母牛，应分别在本年3~12月、4~12月配种，应分别填入“本年配种母牛头数”栏相应项目中。

(10) 本年1月配种总头数减去该月受胎总头数得27，填入2月“复配母牛”栏内。

(11) 按上述(8)、(10)步骤，计算出本年2~12月复配母牛头数，分别填入相应栏内，即完成2015年全群配种产犊计划编制（表8-1）。

表8-1 2015年度全群配种产犊计划

月份		1	2	3	4	5	6	7	8	9	10	11	12
上年受胎母牛头数	成年母牛	25	29	24	30	26	29	23	22	23	25	24	29
	育成母牛	5	3	2	0	3	1	5	6	0	2	3	2
	合计	30	32	26	30	29	30	28	28	23	27	27	31
本年产犊母牛头数	成年母牛	30	26	29	23	22	23	25	24	29	29	28	31
	育成母牛	0	3	1	5	6	0	2	3	2	2	4	5
	合计	30	29	30	28	28	23	27	27	31	31	32	36
本年配种母牛头数	成年母牛	29	24	30	26	29	23	22	23	25	24	29	29
	头胎母牛	5	3	2	0	3	1	5	6	0	2	3	2
	育成母牛	4	7	9	8	10	13	6	5	3	2	0	1
	复配母牛	20	27	29	34	35	34	27	23	23	22	22	26
	合计	58	61	70	68	77	71	60	57	51	50	54	58
估计情期受胎率（%）		53	52	50	49	55	62	62	60	59	57	52	45

三、肉牛发情期生理

育成母牛的初情期一般为8~12月龄，表明母牛具有繁殖的可能性，但不一定有繁殖能力。育成母牛的性成熟期是指生殖生理功能成熟的时期，一般为9~13月龄，平均11月龄，母牛具备了繁殖能力，但此时不适宜配种。育成母牛的体成熟期是指机体各部分的发育已经成熟，一般为16~20月龄，平均18月龄，表明母牛能够配种。

育成母牛的初情期、性成熟期、体成熟期受母牛的品种、饲养管理条件、营养状况、环境气温等因素的影响而有差异。一般情况下，大型品种初情期晚于小型品种的肉牛，南阳黄牛初情期8~12月龄，1.5~2岁初配，发情周期22天，发情持续期1.5~2天，产后第一次发情35~45天。母水肉牛初情期更迟，一般为13~18月龄；母牦肉牛的初情期均为24个月；良好的饲养水平可以提早肉牛的性成熟，也可以加强肉牛的发情表现。如母秦川肉牛在较好的饲养前提下，平均在9.3月龄（280天）即进入性成熟期，而在饲养水平较低的情况下，初情期可能要晚3~6个月。

成母牛生产后第一次发情时间平均52天，30~90天占70%。肉牛产后第一次发情时间与产犊季节和母牛子宫健康状况有关，冬春季比夏秋季产犊的母牛产后第一次发情晚8天左右。初情期延长的育成母牛和产后第一次发情延迟的成年母牛要查明原因，检查饲养管理情况及母牛的内生殖器官。

育成母牛的初次配种应在体成熟初期，即16~18月龄，但要求体重达到成母牛体重的60%~65%，即360~390千克。过早配种，会影响母牛的生长发育及头胎产奶量；过晚配种会影响受胎率，增加饲养成本。成母牛产后第一次配种时间以产后60~90天为宜，低产牛可适当提前，高产牛可适当推迟，但过早或过晚配种都可能影响受胎率。

四、肉牛的发情鉴定

准确的肉牛发情鉴定是做到适时输精和提高受胎率的重要保证。由于母牛的发情持续期较其他家畜短，而外部表现明显，发情鉴定多以外部观察为主，其他检查为辅。在正常饲养管理条件下的健康牛群，一般90%以上的母牛具有正常发情周期和明显的发情表现。一些老年牛由于年老体弱等各种原因，发情外部行为表现不明显，因此，造成外部行为观察法的漏查，但利用阴道黏液测试法仍可测出这些肉牛处在发情阶段。而某些饲养管理较差、严冬盛夏季节的舍饲牛群及哺乳负担重的母牛往往会出现发情不规律、发情表现不明显等情况，给发情鉴定带来一定的困难。因此，必要时，也可进行直肠检查。直肠检查法是用手通过直肠壁触摸母牛卵巢上卵泡发育的情况，来判断母牛发情的进程，确定输精的时间。大多数人强调此法准确、有效。但也有人认为这种检查比较烦琐，徒劳无益。据奥田介报道，在不孕症中，有33%是因为直肠检查所致，因为直肠检查干扰了卵泡的正常发育，使卵巢与输卵管错位，排出的卵子中入腹腔。直肠检查在生产中并不经常使用，而多用于发情表现不甚明显或输精后再发情的母牛。

（一）外部行为观察的方法

发情肉牛一般都有明显的外部行为表现，一般分为三个阶段。

1. 发情前期 发情母牛被其他母牛爬跨时不情愿接受、试图爬跨其他母牛、闻嗅其他母牛、追寻其他母牛并与之为伴，并伴有兴奋不安、敏感、阴门湿润且有轻度肿胀、哞叫等症状。

2. 发情期 大多数的母牛发情持续为 10~24 小时（18 小时±12 小时），炎热的条件下持续时间比温暖条件下要短。其表现为接受其他牛的爬跨静立不动，因爬跨致使尾根部被毛蓬乱，甚至臀部摩擦出血；爬跨其他母牛并有抽动、前冲动作；不停地哞叫、频繁走动、敏感、两耳直立、弓背、腰部凹陷、荐骨上翘；闻嗅其他母牛的生殖器官；阴门红肿，有透明黏液流出，尾部和后躯有黏液、食欲差、产奶量下降、体温升高。

3. 发情后期 一部分母牛会继续表现发情行为。这一阶段为发情后期，可持续 17~24 小时。其表现为不接受其他牛的爬跨；发情母牛被其他母牛闻嗅或有时闻嗅其他母牛；有透明黏液从阴门流出；尾部有干燥的黏液。

三个阶段是连贯的，没有明显的分界线。这种方法简单易行，理论上讲在发情征状结束后 3 小时输精受胎率最高，并且只需一次输精，问题是如何界定发情结束时刻，这个分界点应该是母牛从接受其他牛的爬跨到不接受其他牛的爬跨。

参与追逐爬跨的牛不一定都是发情者。有三类牛参与追逐爬跨：一是正在发情的母牛；二是刚发过情不久的母牛；三是怀孕后期母牛。真正发情的肉牛被其他母牛爬跨时站立不动，刚发过情不久和怀孕后期母牛体内雌激素水平较高，所以参与追逐爬跨，但它们拒绝被爬跨。

外部行为观察的时间安排。白天对母牛观察 2 次，即每天早晨 8~9 时 1 次，下午 5~6 时 1 次，晚 10 时左右观察 1 次，一般可得到正确的结果。夜间，多数肉牛都躺卧休息，周围环境比较安静，激素内分泌旺盛，所以夜间发情的肉牛比较多，据有关资料显示，夜间发情肉牛约占全部发情肉牛的 65%，因此早上 8 时以前和晚上 8 时以后发情肉牛较多。母牛表现发情的时间分布为：18~24 时占 25%；0~6 时占 43%；6~12 时占 22%；12~18 时占 10%。

（二）阴道黏液测试的方法

肉牛处于发情阶段时阴门部有规律地流出黏液。在发情初期，黏液量少，且清亮透明、稀薄，牵缕性中等，有流动性，pH 值显示偏酸性；到发情中期时，黏液逐渐增多，变为半透明，牵缕性和 pH 值增加；而到发情后期时，黏液又减少，黏稠如玻璃棒状，牵缕性很强，pH 值显示中性偏碱。在发情肉牛躺卧休息时，常能见到大片透明清洁黏液从阴门流出，有时可达 300~500 毫升，站立时常悬吊于阴门外（称为吊线），遇到这种情况一般即可认定该牛正在发情阶段，由于受孕后肉牛或非发情期肉牛也有少量黏液流出，所以还必须根据黏液的 pH 值和牵缕性进一步断定。

1. pH 值法 是指将 pH 值 6.0~8.8 的专用试纸侵入阴门部流出的新鲜黏液 1 秒，取出后迅速与标准比色卡对照，读取数值的方法。发情初期，黏液 pH 值主要集中在 6.6~7.0；发情中后期主要集中在 7.0~7.4，非发情空怀牛和妊娠肉牛黏液 pH 值主要集中在 6.4~6.8，因此，如果测出 pH 值在 7.0~7.4，一般就可认定为发情肉牛，pH 值在 6.8 要留意继续观察。

2. 测试黏液牵缕性 用食指与拇指肚取少量新鲜黏液迅速反复拉合，丝断时的次数。发情初期，黏液牵缕性主要集中在 4~6 次；发情中后期主要集中在 6~8 次，非发情肉牛黏液牵缕性主要集中在 0~2 次。因此，如果测出黏液牵缕性在 6~8 次，一般就可认定为发情肉牛。

（三）阴道黏液抹片镜检

阴道黏液抹片后呈羊牙齿状植物花纹，长列而整齐，保存时间长达数小时以上者，为发情期。发情末期抹片的结晶结构较短，呈金鱼藻或星芒状；抹片不呈现结晶花纹，受胎率较低。

（四）直肠检查的方法

在鉴定肉牛发情时，可以通过直肠触摸卵巢和子宫来获得判定发情依据。

在发情肉牛卵巢上可以触摸到处于一定时期的卵泡，子宫略硬一些，且子宫收缩反应强。母牛在发育过程中卵泡的发育可人为地分为四个阶段，即卵泡出现期、卵泡发育期、卵泡成熟期和排卵期。

1. 卵泡出现期 卵巢开始增大，卵泡在卵巢的局部发育并突出，直径 0.3~0.5 厘米，触诊时为一软化点。此时母牛开始有发情表现，但不接受爬跨。这一阶段一般持续 6~12 小时。

2. 卵泡发育期 卵泡继续增大到 1~1.5 厘米，呈圆形，明显突出于卵巢表面。卵泡壁紧张而有弹性，有一定的波动感。此时母牛发情表现明显，接受爬跨。可维持 8~12 小时。

3. 卵泡成熟期 卵泡不再增大，卵泡壁变薄，紧张度增强，随后变软，有一触即破之感，触摸时用力不均或过猛极易造成卵泡破裂。此时母牛发情表现减弱，拒绝爬跨，转入平静。一般维持 6~12 小时，是输精配种的最佳时期。

4. 排卵期 卵泡破裂排卵，卵泡液流失，泡壁松软、塌陷，触摸时有两层皮之感。排卵后 6~8 小时，黄体开始形成，直径 0.6 厘米左右，有肉样感觉。黄体进一步发育达到成熟，直径约 2 厘米，呈坛口状突出于卵巢表面。此时母牛安静，不接受爬跨。

直肠检查时应注意卵泡与黄体的区别。排卵后 6~8 小时黄体开始形成，刚形成的黄体直径 0.6~0.8 厘米，触诊如柔软的肉样组织，完全成熟的黄体直径为 2~2.5 厘米，稍硬并有弹性，而 2 期和 3 期的卵泡波动感都非常明显，此种方法准确而直接，但有一定的难度。

（五）发情后出血现象

60%左右的发情母牛可见阴道流出带血的黏液，大约在发情后 2 天出现，有人称其为“月经”。这个症候可帮助确定漏配的发情牛，为跟踪下次发情日期或调整情期提供依据，“月经”后的下一次发情大约在 19 天后开始。配种后出现“月经”现象，一般不影响受胎，如果出血过多，会造成不孕，可以在配种后试用黄体酮和维生素 K。

五、肉牛人工授精技术

肉牛人工授精技术全球广泛应用，使用人工授精技术可提供完整的配种记录，提高受胎率，推动肉牛业的快速高效发展。使用人工授精可以克服有的母牛生殖道异常不易受孕的困难。由于精液可以保存，尤其是冷冻精液保存的时间很长，可以运输到很远的地方，配种不受地域的限制，提高了种公牛的配种效率，特别是在使用冷冻精液的情况下，1 头公牛每年可配母牛达 3 000 头以上。可以选择最优秀的种公牛用于配种，充分发挥其性能，达到迅速增殖良种牛和改良牛种的目的；同时，可以相应减少种公牛的饲养头数，从而节约饲养管理费用。可以防止因自然交配互相接触传染的各种疾病，特别是生殖道传染病的传播。在使用体形大的肉牛改良体形小的肉牛时，可以克服公牛、母牛体格相差太大不易交配的困难。

（一）直肠检查操作方法

一般用左手戴上塑料薄膜手套，手指并拢呈锥形。缓缓插入肛门并伸入直肠，先掏出直肠内的宿粪。掏出直肠内的宿粪有一个窍门，不要急于掏出宿粪，而是用手先往里推宿粪，等母牛肠壁努责时，顺势掏出宿粪。然而，有些牛并不配合，你只有一把一把地掏出宿粪，然后再进行检查。这时，你可能遇到两种困难情况：一是直肠强直收缩，束缚手指不能动作，解决办法是直肠里的手暂时不要动，由助手掐捏母牛腰荐结合部，或拍打母牛的眼睛，转移其注意力；二是肠壁膨胀紧张贴于骨盆四周，解决办法是直肠里的手前伸压迫“玉门关”，迫使直肠回缩。只有在肠壁收缩不太严重的时候，手心向下，手掌展平，手指微曲，在骨盆底部下压，先找到子宫颈。再沿子宫颈向前即可摸到两侧的子宫角、两角之间有明显的角间沟；沿子宫角的大弯向下或两侧探摸可以找到卵巢。找到卵巢后，可用拇指、食指和中指触摸卵巢的大小、形状、质地和卵泡发育情况，确定卵泡发育的程度，判断发情的时期和输精的时间，或者握住子宫颈进行输精。

（二）最佳输精时间

肉牛的发情周期平均为21天左右；发情持续期较短，为20小时左右，排卵一般发生在发情结束后8~16小时，输精最好在排卵前3~8小时。实践中常在母牛接受爬跨第8~24小时输精，即卵泡发育期的后期或卵泡成熟期输精可获得最佳的受胎效果。输精人员应掌握以下规律：母牛在早晨接受爬跨，应在当日下午输精，若次日早晨仍接受爬跨应再输精1次；母牛下午或傍晚接受爬跨，可推迟到次日早晨输精。如果输精员由本场人员担任，一般在第一次输精后12小时做第二次输精。如果是个体饲养的小群肉牛，输精时间应更灵活些。50%以上的牛在下半夜排卵，所以，傍晚输精有利于受胎。

（三）冷冻精液

1. 冷冻精液质量国家标准 活力≥35%，直线运动精子密度≥800万/毫升、个顶体完整率≥40%，畸形精子率≤20%，非病原细菌数≤1 000个/毫升。

2. 精液的储存与取用 冷冻精液储存在液氮罐中，液氮罐是一种双层结构的真空保温非压力容器，使用时加入液氮，液氮的沸点为-196 ℃。液氮少于1/3时及时补充（40天左右），保证冻精浸没于液氮中。冻精在向另一液氮罐转移时，不得超过5秒，精液分装、拆袋须在液氮中进行，操作要快。液氮罐放在通风、干燥、阴凉处，运输过程中避免液氮罐振荡、撞击。液氮罐每年清洗一次。

取用冻精时不得提出罐颈以外，剩余精液不得脱离液氮5秒；精液解冻温度控制在35~37 ℃，时间30~40秒。解冻后精液应立即输精，并避免阳光直射、剧烈振动等不良因素的损害。

（四）输精方法

1. 内光源开膣器输精法 对于初学者来说，借助内光源开膣器能轻松地观察到子宫颈外口，然后把输精器插入子宫颈1~2厘米处，注入精液。此法虽然容易掌握，但输精部位浅，易感染，受胎率低。

2. 直肠把握子宫颈输精法 与直肠检查相似，左手戴上薄膜手套，伸入直肠，掏出宿粪，寻找子宫颈，并握住子宫颈的外口端，使子宫颈外口与小指形成的环口持平。用伸入直肠的手臂压开阴门裂，右手持输精器插入阴门（插入时先斜上插入15厘米再转成水平，以免将输精器插入尿道开口）。借助握子宫颈外口处的手与持输精器的手协同配合，使输精器缓缓越过子宫颈内的2~3个环状咬合，然后注入精液，在把握子宫颈时，位置要适当，才有利于两手的配合，既不可靠前，也不可太靠后，否则难以将输精器插入子宫颈深部。直肠把握子宫颈法是每个技术员必须掌握的输精方法，具有用具简单、不易感染、输精部位深和受胎率高的优点。其受胎率比开张器法高出10%~20%。

大量的试验证明，采用子宫颈深部、子宫体、排卵侧或排卵侧子宫角输精的受胎率没有显著差异。假如卫生条件差，输精器械不太光滑的话，不要做子宫内输精，最好采用子宫颈深部（子宫颈内口）输精如直肠把握子宫输精法(图 8-1)，以免损伤、污染子宫。

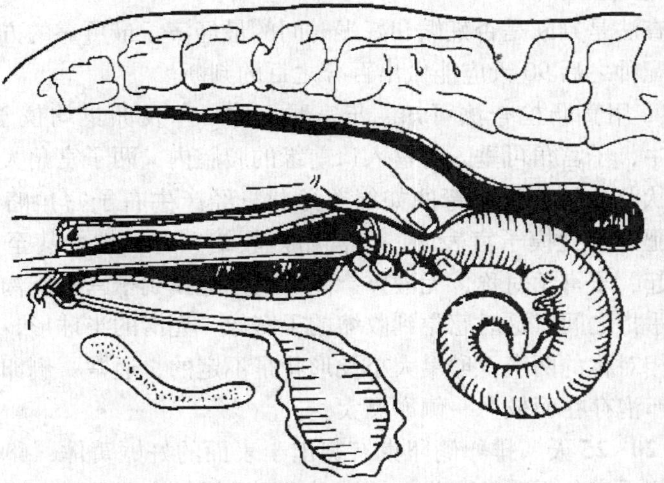

图 8-1　直肠把握子宫输精法示意图

（五）输精次数

冷冻精液输精，除母牛本身的原因外，母牛的受胎率主要受精液质量和发情鉴定准确性的影响。若精液质量优良，发情鉴定准确，1 次输精可获得满意的受胎率。由于发情排卵的时间个体差异较大，一般以 2 次为宜。但人们往往为了节省开支而只输一次，难免使受胎率偏低。

必须注意，输精次数超过 3 次，不但不能提高受胎率，有时还可能造成某些感染，发生子宫或生殖道疾病。精子具有抗原作用，据有关试验，精子有特异性抗源和血型抗源，由于精子具有抗源性，多次重复交配和反复输精会引起母畜体内抗体滴度升高，每输精一次，畜体血清与精子凝集就增高。因此，有益的做法是：①对产后子宫复旧不全或母畜有病者不可输精；②对于经过 3 个情期配种仍不孕的母牛停止输精，在 2 个性周期以后恢复配种，同时用生理盐水 20 毫升加 200 万单位青霉素冲洗子宫。

六、肉牛妊娠诊断技术

（一）妊娠诊断的意义

早期妊娠诊断，是保胎、减少空怀、提高繁殖率的重要措施之一。经妊娠诊断，确认已怀孕的母牛应加强饲养管理；而未孕母牛要注意再发情时的配种和对未孕原因的分析。在妊娠诊断中还可以发现某些生殖器官的疾病，以便及时治疗；对屡配不孕牛也应及时淘汰。对于肉牛群来说，早期妊娠诊断的错误，极易造成发情母牛的失配和已妊娠母牛的误配流产，从而人为地延长产犊间隔。

（二）直肠检查法

直肠检查法是判断是否妊娠和妊娠时间的最经济、最可靠的方法。一般熟练技术员在配种之后 90 天应能做出百分之百的判断。

1. 未孕 用直肠检查法可知。子宫颈、体、角及卵巢均位于骨盆腔内，经产多次的牛，子宫角可垂入骨盆入口前缘的腹腔内，两子宫角大小相等，排列对称，形状及质地相同，弯曲如绵羊角状。经产牛右子宫角略大于左子宫角，松弛、肥厚。抚摸子宫表面，子宫角则收缩，有弹性，甚至几乎变为坚实，用手提起，子宫角对称，无液体。能够清楚地摸到子宫角间沟，子宫很易握在手掌和手指之间，这时感觉到收缩的子宫像一光滑的半球形，前部有角间沟将其分为相对称的两半，卵巢大小及形状是不定的，通常一侧卵巢由于有黄体或较大的卵泡存在而较另一侧卵巢大些。

2. 妊娠 20~25 天 排卵侧卵巢有突出于表面的妊娠黄体，卵巢的体积大于对侧。两侧子宫角无明显变化，触摸时感到壁厚而有弹性，角间沟明显。

3. 妊娠 30 天 两侧子宫角不对称，孕角变粗、松软、壁薄，绵羊角状弯曲不明显，触诊时孕角一般不收缩；有时会有收缩，但感觉有弹性，内有液体波动，用手轻握孕角，从一端滑向另一端，有胎胞像软壳蛋样从指间滑过的感觉。若用拇指和食指轻轻捏起子宫角，然后放松，可感到子宫壁内似有一层薄膜滑开，这就是尚未附植的胎膜。技术熟练者还可以在角间韧带前方摸到直径为 2~3 厘米的豆形羊膜囊。空角则收缩，感觉有弹性且弯曲明显。怀孕 1 个月子宫颈位于骨盆腔中，子宫角间沟仍清楚，子宫角粗细根据胎次而定，胎次多的较胎次少的稍粗。孕角卵巢体积增大，有黄体，呈蘑菇样凸起，中央凹陷，未孕角侧卵巢呈圆锥形，通常卵巢体积要小些。

4. 妊娠 60 天 孕角明显增粗，相当于空角的 2 倍，孕角波动明显，角间沟变平，子宫角开始垂入腹腔，但仍可摸到整个子宫。

5. 怀孕 90 天 角间沟消失，子宫颈移至耻骨前缘，顺子宫颈向前可触到扩大的子宫为一波动的胞囊从骨盆腔向腹腔下垂，体积排球大小，偶尔还可触到悬浮在羊水中的胎儿。子宫壁柔软、无收缩。孕角比空角大 2~3 倍，有时在子宫壁上可以摸到如同蚕豆样大小的子叶，不可用手指去捏子叶。卵巢移至耻骨前缘之前，有些牛子宫中动脉开始出现轻微的孕脉，有特征性的轻微搏动，时隐时现，且在远端容易感到。触诊不清时，手提起子宫颈，可明显感到子宫的重量增大。卵巢无变化，位于耻骨联合处前下方的腹腔内。

6. 妊娠120天 子宫及胎儿全部沉入腹腔，子宫颈已越过耻骨前缘，一般只能触摸到子宫的局部及该处的子叶，如蚕豆大小。子宫动脉的特异搏动明显。此后直至分娩，子宫进一步增大，沉入腹腔，甚至可达胸骨区，子叶逐渐增大如鸡蛋；子宫动脉两侧都变粗，并出现更明显的特异搏动，用手触及胎儿，有时会出现反射性的胎动。

7. 怀孕150天 子宫全部沉入腹腔，在耻骨前缘稍下方可以摸到子宫颈，子叶更大，往往可以摸到浮在羊水中的胎儿，摸不到两侧卵巢，孕角侧子宫中动脉有明显的搏动，空角侧尚无或有轻微怀孕脉搏。

8. 怀孕180天 胎儿已经很大，子宫沉至腹底。由于胎儿向前向下移，故触摸不到孕角侧子宫中动脉粗大，有明显强烈的搏动，空角侧子宫中动脉出现了微弱的脉搏。有时孕角侧的子宫后动脉开始搏动。

9. 怀孕210天 由于胎儿更大，所以，从此以后都容易摸到胎儿，子叶更大。

寻找子宫动脉的方法是，将手伸入直肠，手心向上，贴着骨盆顶部向前滑动。在岬部的前方可以摸到腹主动脉的最后一个分支，即髂内动脉，在左右髂内动脉的根部各分出一支动脉，即为子宫动脉。通过触摸此动脉的粗细及妊娠特异搏动的有无和强弱，就可以判断母牛妊娠的大体时间阶段。

妊娠子宫和子宫疾病的区别。因胎儿发育所引起的子宫增大和子宫积脓、积水有时形态上相似，也会造成子宫的下沉，但积脓、积水的子宫提拉时有液体流动的感觉，脓液脱水后是一种面团样的感觉，而且也找不到子叶的存在，更没有妊娠子宫动脉的特异搏动。有炎症的子宫壁变厚，并且薄厚不均，怀孕的子宫壁薄而均质。

（三）B超妊娠诊断法

兽用B超对肉牛早期的妊娠诊断有着重要的意义，可减少空怀，提高肉牛的繁殖力和生产力，增加经济效益，减少损失。传统的肉牛妊娠诊断一般为直肠检查法，其准确性依个人的经验而异，主观性较强，初学者不易掌握，且在妊娠早期容易伤害胚胎，引起流产。

采用便携式兽用B超仪对肉牛进行早期妊娠诊断，操作方法简单、准确率高，既能直观地在屏幕上显示妊娠特征，又能缩短配种后的待检时间。空怀B超图像显示子宫体呈实质、均质结构，轮廓清晰，内部呈均匀的等强度回声，子宫壁很薄。而妊娠肉牛的子宫壁增厚，配种后12~14天子宫腔内出现不连续无反射小区，即为聚有液体的胚泡。以后胚泡逐渐增大，至20天时，胚泡结构中出现短直线状的胚体。22天时，可探测到胚体心跳。22~30天时，胚体呈“C”形。33~36天时，可清晰地显示出胚囊和胚斑图像。33天时，胚囊实物一指大小，胚斑实物1/3指大小。声像图中子宫壁结构完整，边界清晰，胚囊液性暗区大而明显，液性暗区内不同的部位多见胚斑，胚斑为中低灰度回声，边界清晰。妊娠 30~40 天时，B 超诊断的主要依据是声像图中见到胚囊或同时见到胚囊和胚斑。

（四）血液或牛奶中孕酮水平测定法

根据妊娠后血中及奶中孕酮含量明显增高的现象，用放射免疫和酶免疫法测定孕酮的含量，判断母牛是否妊娠。由于收集奶样比采血方便，目前测定奶中孕酮含量的较多。大量的试验表明，奶中孕酮含量高于 5 纳克/毫升为妊娠；而低于该值者为未妊娠。放射免疫测定虽然精确，但需送专门实验室测定，不易推广。近年来，国内外研制的酶免疫药盒，使这种诊断趋于简单化、实用化，估计不久将在肉牛业应用。

七、分娩管理技术

预产期通常按 280 天计算，即配种月份减“3”，配种日期数加“7”进行计算。将待产肉牛提前 1 周转入产房。分娩前要注意观察分娩预兆，做好接产准备。乳房从分娩前 10 天开始增大，分娩前 2 天极度膨胀，皮肤发红，乳头饱满；分娩前 1 周阴唇肿胀柔软；分娩前 1~2 天子宫颈黏液软化变稀呈线状流出；骨盆韧带从分娩前 1 周开始软化，临产前母牛精神不安，不断徘徊，食欲减退，不时做排尿状。

分娩是母牛将发育成熟的胎儿、羊水及胎膜从子宫内排出体外的一个正常生理过程，通常无须人为干预，而应让其自然地产出犊牛。日常应该做的是，给肉牛提供一个清洁、安静、舒适的环境，避免使母牛产生应激，准备好接产用品，等待肉牛自然分娩。对可能发生难产的母牛要适时助产，助产方法和过程要符合产科学要求。分娩护理和助产是否科学合理，直接影响肉牛生殖系统能否正常恢复，是肉牛再次妊娠的基础。

八、围产期及产后繁殖监护技术

通过围产期繁殖监控技术提高肉牛繁殖成活率。产前一周测量体温，当体温由 39~39. 5 ℃突然降到 38 ℃左右时，12 小时之内分娩；对正常的经产母牛以自然分娩为主，对初产母牛的助产应待胎儿肢蹄露出产道时助产，尽量减少人员手臂或机械进入母牛产道造成创伤感染。助产时注意防止子宫脱出；分娩后一次性灌服营养钙制剂 500 毫升。产后 3 小时内注意观察母牛产道有无损伤出血，若子宫大量出血，肌内注射缩宫素 150 单位；产后 6 小时内注意观察母牛努责情况，若努责强烈要检查子宫内是否还有胎儿；产后 12 小时内注意观察胎衣排出情况。胎衣不下时，每天向子宫投入土霉素 5 克，或宫炎净 2 粒；产后 24 小时内注意观察恶露排出的数量和性状，排出多量暗红色恶露为正常，不排恶露或恶露过多都是异常现象；产后 3 天内注意观察生产瘫痪症状；第 5 天直肠检查，判断子宫恢复情况。产后 7 天重点监控子宫恶露变化（数量、颜色、异味、炎性分泌物等）。对于早期感染的母牛，不宜过早子宫注射药，等待15~20 天的子宫“自净”结束后，再酌情用药；产后 15 天注意观察子宫分泌物是否正常；产后 30 天左右通过直肠检查子宫康复情况。产后 40~60 天，重点监测卵巢活动和产后首次发情出现时间。

九、肉牛繁殖调控技术

（一）同期排卵定时输精技术

随着肉牛的舍饲化，卵巢静止、持久黄体、卵巢囊肿等疾病逐年增多，致使肉牛常常产后久不发情或发情不明显而错过最佳配种时机。母牛通过激素处理以后，不做发情鉴定，到预定的时间就配种，可以获得较高的受胎率。

方法一：肌内注射促排 3 号，7 天以后注射氯前列烯醇，间隔 30~36 小时，再注射促排 3 号，16~20 小时以后定时输精。

方法二：肌内注射促排 3 号，7 天以后注射氯前列烯醇，间隔 24 小时再注射雌激素，24 小时以后定时输精。

此外，还有单独使用前列腺素或阴道栓、GnRH 配合前列腺素、GnRH 配合前列腺素和阴道栓等方法。无论采用哪种方法，只要严格按照程序认真操作，都能取得一定效果。

（二）性别控制技术

性别控制是指雌性动物通过人为地干预而繁殖出人们所期望性别后代的一种繁殖新技术。肉牛 X、Y 精子分离性别控制技术是指将牛的精液根据含 X 染色体和 Y 染色体精子的 DNA 含量不同而把这两种类型的精子有效地进行分离后，将含 X 染色体的精子分装冷冻后，用于牛的人工授精，而使母牛怀孕产母牛犊的技术；这种根据精子 X、Y 染色体的不同而分装冷冻的冻精就叫性控冻精。动物传统的繁殖方法，公母比例是 1∶1。经性别控制冻精后，产雌率达到 90%以上。采取在配种期饲喂肉牛生理酸性饲料，或在饲料中加入一定量的铬、锌等微量元素，对提高产雌率具有促进作用。

第九章 规模化肉牛场经营管理模式

一、牛场的生产管理

肉牛场经营的好坏，取决于管理水平。应当根据发展经济的相关政策，综合本地区的实际条件和自身财力，调查了解市场需求、销售渠道、价格等，决定生产方向、经营规模、产品销售及实现目标的措施，制订实施方案，使生产人员与生产资料间达到最合理的结合，让人、财、物发挥出最大效能。

（一）生产管理

生产管理是按照实现生产目标的要求，对生产活动进行计划、组织、指挥、协调和控制等一系列工作，保证生产顺利进行，并取得好的效益。

1. 建立机构 为保证肉牛场生产有秩序地进行，需建立一个统一的指挥系统，行使决策权，来有效地组织生产，协调各部门有序地工作。肉牛场一般为场长负责制，由场长通过班组长和技术人员直接管理牛群和经营工作。对于规模较大、牛群分组的牛场，可建科室或场长助理来协助场长管理生产。科室或场长助理对场长负责，行使范围内的职责，深入第一线指挥生产。

2. 制订生产计划 场长依据生产计划指挥和组织生产，使各生产环节协调运转，顺利完成生产任务。

（1）牛群周转计划。肉牛场规模和经营活动决定牛群周转。根据牛群周转计划组织饲料供应，制订劳动力计划、建设棚圈计划、物资采购计划。牛群周转计划是做到有计划生产的保证。

编制牛群周转计划的依据：①牛群结构。由生产规模确定年内牛群数量的变动情况，如牛群存栏头数、淘汰牛头数、分娩牛头数及按计划应出售的幼牛、育肥牛头数。②牛群繁殖情况。牛群繁殖情况与牛群结构紧密联系。根据参加配种牛头数，计算分娩母牛数和犊牛数。对于育肥肉牛场，根据生产规模购进育肥牛数。③基础母牛使用年限。根据体质和繁殖性能，决定基础母牛使用年限和淘汰牛头数。同时，决定育成母牛的预留比例。④育肥计划。由牛群产犊数确定各期育肥牛数及相应的产肉计划。

（2）配种分娩计划。配种分娩计划是组织牛群再生产的重要计划，生产中根据品种的繁殖特性，如开始配种的年龄、产犊间隔等，按年编制或按月编制计划。在计划期内使母牛群和育成牛群适时配种分娩，这是肉牛场的重要生产环节。配种分娩计划也是编制牛群周转计划的重要依据。搞好选种选配，有计划地安排分娩产犊，有利于提高生产性能。

编制配种分娩计划的依据：①上年度配种母牛的受胎和繁殖情况，进行统计分析；②本年度牛群品质、饲养管理水平、人工授精员的技术熟练程度等，进行评价。

（二）定额管理

对肉牛场进行定额管理，是加强牛场经营管理，提高生产水平，调动劳动生产积极性的有效措施。定额管理就是对牛场工作人员明确分工，责任到人，以达到充分合理地利用劳动力，不断提高劳动生产率的目的。

1. 机械设备定额　即完成一定生产任务所必需的机械、设备标准或固定资产利用程度的标准。

2. 人员配备定额　即完成一定任务应配备的生产人员、技术人员和服务人员标准。

3. 饲料储备定额　按牛的维持需要、生长需要和生产需要来确定饲料供给量。包括各种精饲料、粗饲料、矿物料及预混合饲料储备和供给量。

4. 物资储备定额　按正常生产需要的零配件、燃料、原材料、工具等物资的必需库存量。

5. 劳动定额　即生产者在单位时间内应完成符合质量标准的工作量，或完成单位产品或工量所需要的工时消耗，又可称工时定额。

6. 产品定额　即畜产品的数量和质量标准。

7. 财务定额　即生产单位的各项资金限额和生产经营活动中的各项费用标准。包括资金占用定额、成本定额、费用定额等。

（三）饲料管理

饲料是肉牛生产的物质基础，均衡、合理的饲料供应是保证肉牛场生产正常进行的前提，全价饲养是保证牛肉产量和质量的必要条件，因此，必须加强饲料管理工作。

1. 饲料的开发利用　能满足肉牛营养需要的饲料丰富多样，除种植的豆科、禾本科牧草外，粮食作物（如谷类、薯类副产品）、经济作物（主要是油料作物副产品，可提供大量饼类为植物蛋白的主要来源）。肉骨粉、鱼粉、蚯蚓粉、蚕蛹粉等可提供动物性高蛋白饲料。农产品作为饲料时的加工处理，最常用的方法是粉碎和青贮。另外，秸秆的氨化、微贮等也能提高对粗纤维的利用率。

2. 饲料的保管和合理利用　由于饲料的收购季节性很强，收购后必须做好保管工作，以防止霉烂变质，保持其原有的营养价值。根据牛群结构对饲料的需求，制定饲料定额标准组织饲料供应，定期采购，妥善保管。

经济合理地利用饲料是通过合理的饲料配合和采用科学的饲养方法来实现的。根据牛群的不同生理时期、不同年龄、不同生产要求，对营养的不同需求，经过试验和计算配制不同的日粮，既满足牛的营养需要，也不浪费饲料。同时，应研究饲喂方法，以提高饲料的消化率。

3. 定期考核饲料利用率 要确定对牛群供应的饲料是否合理，需要经常对牛群进行分析，如育成牛的生长发育情况，育肥牛的增重效果，成年牛的体膘和繁殖情况等。此外，定期考核饲料转化率或计算饲料报酬，是加强对饲料管理的有效措施。可用下列公式计算：

饲料转化率=饲料消化量/饲料消耗量×100%

饲料报酬=增加的体重或胴体重/饲料消耗量

单位畜产品饲料成本=饲料成本/畜产品产值

单位畜产品生产费用=生产费用/畜产品产值

（四）技术管理

技术管理是通过科学养牛管好肉牛场、提高经济效益的重要工作。

1. 建立数据库

（1）原始记录。在牛场的一切生产活动中，每天的各种生产记录和定额完成情况等都要做生产报表和进行数据统计。因此，要建立健全各项原始记录制度，要有专人登记填写各种原始记录表格，要求准确无误、完整。根据肉牛场的规模和具体情况，所做的原始记录主要是牛群情况，包括各龄牛的数量变动和生产情况、育肥牛的肥育情况、经济活动等。对各种原始记录按日、月、年进行统计分析、存档。

（2）建立档案。牛群档案是在个体记录基础上建立的个体资料。

1）成母牛档案。记载其谱系、配种产犊情况等。

2）犊牛档案。记载其谱系、出生日期、体尺、体重情况等。

3）育成牛档案。记载其谱系、各月龄体尺与体重、发情配种情况等。

2. 制定基本管理制度 在日常技术管理工作中，制定出基本管理制度，并严格执行，是维持肉牛正常生产的关键。

（1）饲养管理制度。做好牛的饲养管理是肉牛场的重要工作之一。根据不同牛的生理特点和生长发育规律区别对待，抓住配种、妊娠、哺乳、育幼、育肥等环节，制定具体的饲养管理制度，进行合理的饲养、科学的管理，充分发挥其生产潜力，以带来最大经济效益和社会效益。

1）成母牛饲养管理制度。对成母牛的饲养，饲料要多样化，定时、定量，以粗饲料为主，精粗合理搭配，供应足够的新鲜清洁饮水。及时清理牛舍和运动场粪便，按时刷拭，保持牛体卫生。注意观察母牛发情，适时配种。做好产前、产中和新生犊牛的护理工作等。肉牛的犊牛一般是自然哺乳，随着犊牛日龄增长，应及早补饲。在犊牛管理上，一是编号与打号，二是定期称重，三是去角。

2）成牛饲养管理制度。对育成牛初期阶段的饲养管理，尽量做到与转群前的条件一致，以减少因条件改变而造成的影响。根据体重按规定的饲养标准饲养，饲料要多样化，以粗饲料为主，用精料补充其营养不足。供应充足的清洁饮水。做好牛舍和牛体卫生，定期称重。育成公牛在周岁前穿鼻。育成母牛在 18 龄左右注意观察发情，适时配种。

3）育肥生产的饲养管理制度。根据当地自然条件、饲养条件和技术条件，采用适当的育肥制度。可选择舍饲育肥、放牧育肥和放牧+舍饲的育肥方式。

4）小牛肉育肥制度。这是一种持续育肥或一贯育肥法，犊牛由母牛自然哺乳，犊牛也可用代乳品，自由采食。可喂少量粗饲料。犊牛 7~9 月龄时，体重达 300 千克左右，屠宰上市。

5）杂种牛 18 月龄育肥制度。这是一种架子牛育肥方法。春季产犊，夏季放牧，冬季舍饲。第二年夏季放牧与舍饲相结合，补以精料进行育肥。在入冬前，即一岁半左右屠宰。

6）杂种牛 30 月龄育肥制度。在 18 月龄时牛不能屠宰，需再过一个冬季，到第三年夏季放牧结束，入冬前，于牛两岁半左右时屠宰。

7）肉牛百日育肥制度。架子牛驱虫，公牛去势，适应期饲养 10~15 天。育肥前期为 40~45 天，按日增重供给配合精料，粗饲料自由采食，精、粗饲料比例为 4∶6。育肥后期 45 天，精、粗饲料比例为 6∶4。育肥牛膘度和体重达到出栏标准时，及时出栏屠宰。

（2）冷冻精液人工授精制度。人工授精技术是影响母牛受孕的重要环节之一，操作时必须严格按技术要领进行。要经常检查冷冻精液是否确实浸泡于液氮中。发情母牛输精时，及时于 38 ℃温水中解冻精液，解冻后精液活力应在 0.3 以上。输精器械应是经过严格消毒的。母牛外阴消毒后，用直肠把握法将精液输到子宫的适当部位。做好记录，注意受孕情况。

（3）疫病防治制度。疫病流行对肉牛生产将产生不可估量的影响。因此，要贯彻“防重于治，防治结合”的方针。建立起严格的防疫措施和消毒制度。随时了解牛群疫病分布的地域性和季节性。注意疫病发生的气象因素、水土环境和社会环境，建立疫病预警制度，实行专业防治和群防群治相结合，做到防止疫病的入侵和发生。

要加强传染病的日常预防措施，严格控制非生产人员进入饲养区。在饲养区入口设置消毒室和消毒池。进入饲养区时要穿工作服和工作鞋并经消毒室和消毒池。每年春、秋季节对易发疫病要进行预防注射，并定期进行大消毒。当发生疫情时，迅速隔离病牛，建立封锁带，严格消毒污染环境。进入饲养区的人员和车辆要严格消毒。对病牛实行合理治疗，未发病牛实行综合防治措施，尸体要严格按照防疫条例进行处置。

对寄生虫病要定期检查，夏、秋季节进行全面的灭蚊蝇工作，根据寄生虫病的流行规律，做好驱虫和预防工作。

（五）财务管理

肉牛场的财务管理制度是一项复杂而政策性很强的工作，财务管理的具体内容是指对资金、成本和利润管理，重点是搞好经济核算。

1. 固定资金的管理 固定资金是用在固定资产上的资金。管好、用好固定资金与管好、用好固定资产密切相关。固定资金一次支付使用以后，需要分次逐渐收回，循环一次的时间较长。这就形成了对固定资产的管理特点。

（1）固定资产的特点。①价值较大，多是一次性投资的。②使用时间较长，可长期反复地参加生产过程。

固定资产在生产过程中有磨损，但它的实物形态没有明显改变。

（2）固定资金的特点。①固定资金的循环周期长。因为固定资金的周期不是由产品的生产周期决定的，而是由固定资产的使用年限决定的。②固定资金的价值补偿和实物更新是分别进行的，即价值补偿是随着固定资产的折旧逐渐完成。而实物更新是在固定资产不能使用或不宜使用的时候，用平时积累的折旧基金进行更新或重置。③在改造和购置固定资产的时候，需要支付相当数量的货币资金。这种投资是一次性的。但投资的回收是通过折旧基金分期进行的。周转一次的时间较长，具有相对的固定性质。

（3）对固定资产管理的要求。①要正确地核定固定资产需要的数量，对固定资产的需要量，要本着节约的原则核定，以减少对资金的过多占用，充分发挥固定资产的作用，防止资金积压。②要建立健全固定资产管理制度，管好、用好固定资产，提高固定资产的利用率。③要正确地计算和提取固定资产折旧费，并管好、用好折旧基金，使固定资产的损耗及时得到补偿，保证固定资产能适时得到更新。

固定资产因使用而转移到产品成本中去的那部分价值，称为折旧费。折旧费数额占固定资产原值的比例为折旧率。其计算公式如下：

折旧率=（固定资产原值-净残值）/（固定资产原值×预计使用年限）×100%

2. 流动资金的管理 流动资金是养牛场在生产领域所需的资金，支付工资和支付其他费用的资金，一次性地或全部地把价值转移到产品成本中去，并随着产品的销售而收回，再重新用于支出，以保证再生产的继续进行。

（1）流动资金的特点。流动资金与固定资金相比，在资金运用中的特点不同。

1）实物形态转化方式不同。生产领域的流动资金，如储备资金中的农资、兽药、饲料等和生产资金中的母畜、幼畜、育肥畜等，有显著的流动性和连续性。虽然，牛场的生产周期较长，资金周转速度较慢，但仍在由货币形态转为实物形态，通过销售又转为货币形态。固定资金在生产经营中并不经常改变其实物形态。

2）周转期不同。流动资金一般每只经过一个生产周期周转一次。固定资金要经过许多年才周转一次。

3）价值转移和补偿方式不同。流动资金在生产中的消耗是一次性的，如饲料、兽药等费用一次全部转移到产品成本中去，并在产品销售后全部得到补偿。固定资金则是从提取折旧基金中分期得到补偿，到规定的使用期才能全部补偿更新。

（2）流动资金的管理要求。牛场的流动资金管理既要保证生产经营的需要，又要减少占用，并节约使用。

1）储备资金的管理。储备资金是流动资金中占用量较大的一项资金。管好、用好储备资金涉及物资的采购、运输、储存、保管等。

要加强物资采购的计划性。依据供应环节计算采购量，既要做到按时供应，保证生产需要；又要防止盲目采购，造成积压。

要加强仓库管理，建立健全管理制度。加强材料的计量、验收、入库、领取工作，做到日清、月结、季清点、年终全面盘点核实。

2）生产资金的管理。生产资金是从投入生产到产品产出以前占用在生产过程中的资金。种牛、犊牛、育肥牛等作为生产资金，由于生产周期长，占用资金较多，需做好日常饲养管理的各项工作。

要充分利用自然条件，养殖高产优良品种。育肥牛适时出栏销售，及时淘汰非生产牛。及时做好防病治病工作，提高产品率。

3. 流动资金的利用效果

（1）流动资金周转率。流动资金的周转次数是指在一定时期内流动资金周转的次数。流动资金的周转天数表示流动资金周转一次所需要的天数。计算公式如下：

全部或定额流动资金（年）周转次数=全年销售收入总和/全年全部或定额流动资金平均余额

流动资金周转天数=360 天/年周转次数

（2）流动资金产值率。资金产值率表明每生产 100 元产值所占用的流动资金数和每 100 元流动资金提供产值数。计算公式如下：

每 100 元产值占用全年全部或定额流动资金

=全年全部或定额流动资金平均余额/全年总产值×100%

每100元全部或定额流动资金提供产值

=全年总产值/全年全部或定额流动资金平均余额×100%

（3）流动资金利润率。流动资金利润率是指养牛场在一定时期内所实现的产品销售利润与流动资金占用额的比率。计算公式如下：

全部或定额流动资金利润率

=全年利润总额/全年全部或定额流动资金平均余额×100%

4. 成本管理 成本管理是牛场产品成本方面一切管理工作的总称，即在产品的整个生产、销售全过程中，针对所有费用的发生和产品成本的形成所进行的组织、计划、核算和分析等一系列的管理工作。成本核算是对牛场生产费用支出和产品成本形成的会计核算。

（1）肉牛场生产费用。肉牛场生产费用是指场内在一定时期进行生产经营活动所花费的货币总额。生产费用是构成本时期产品成本的基础。生产费用多种多样，按经济性质分为以下各类。

1）工资和福利。直接从事养牛生产人员的工资和福利。

2）饲料费。饲养牛群消耗的饲草、饲料。

3）燃料和动力费。牛群饲养中消耗的燃料和动力费。

4）医药费。防治牛群疫病消耗的药品和医疗费。

5）种公牛、母牛折旧费。种公牛从参加配种开始计算，种母牛从产犊开始计算。

6）固定资产折旧费。固定资产基本折旧费包括牛舍折旧费和专用饲养机械折旧费。

7）固定资产修理费。牛舍专用饲养机械修理费。

8）低值消耗品。饲养牛群使用的低值工具、器具和劳保品费用。

9）其他直接费。直接用于牛群饲养的其他费用。

10）共同生产费。分摊到牛群的间接生产费用。

11）牛场管理费。分摊到牛群的管理费用。

（2）畜产品成本计算。畜产品或牛的活重是牛场的生产成果，牛群的主、副产品或活重是反映产品率和饲养费用的综合经济指标，如在肉牛生产中可计算饲养日成本、增重成本、活重成本和产肉成本等。

计算公式如下：

1）饲养日成本。指一头肉牛饲养1天的费用，反映饲养水平的高低。

饲养日成本=本期饲养费用/本期饲养日数

2）增重单位成本。犊牛或育肥牛增重的平均单位成本。

增重单位成本=（本期饲养费用-副产品价值）/本期增重量

3）活重单位成本。牛群全部活重单位成本。

活重单位成本=（本期饲养费用-副产品价值）/（期终全群活重+本期增重+本期售出转群活重）

4）生长量成本。

生长量成本=生产量饲养日成本×本期饲养日

5）牛肉单位成本。

牛肉单位成本=（出栏牛饲养费用-副产品价值）/出栏牛肉总重量

（3）降低成本的途径。产品成本是生产经营各个环节中物化劳动的综合反映，降低成本途径是多方面的。在材料采购、储备、饲料消耗、劳动用工、劳动生产率、技术水平、产量、质量等方面都要斤斤计较。

1）增加产量，提高质量。做到资产增收选择优良肉牛品种，在饲养过程中采用先进的技术措施，提高增重量，降低增重成本。

2）提高劳动生产率。培训职工，提高技术水平。按劳取酬，充分发挥职工的劳动积极性。同时，合理安排劳动力，采用先进技术。

3）节约各种材料、燃料和动力。改进采购、保管工作，降低成本。在饲养中做到合理全价饲养。

4）提高设备利用率。抓好设备管理，充分利用机械设备，及时维修保养和技术改造。贯彻岗位责任制，实行专人专机、专管专用，健全设备管理制度，降低产品中的折旧费和维修费。

5）节约管理费用。管理费属于非生产性支出，开支越少，成本负担越低。因此，要减少非生产人员，以减少不必要的开支。

5. 利润管理

利润是销售收入扣除销售成本和销售税金后的余额，也是职工创造的剩余产品的一部分货币表现。利润是牛场经营资金积累的基本来源，提高牛场的利润水平，牛场就有更多的资金用于扩大再生产。同时，利润也是职工福利基金和奖金的重要来源。提高牛场利润水平，可为职工创办更多的集体福利事业。

（1）利润管理要求。

1）加强产品的成本管理。在产品销售价格和税率基本稳定的情况下，利润多少取决于产品成本的高低，成本低则利润大。因此，只有不断降低成本才能增加利润。

2）加强销售管理。加强对产品的品种和质量管理，按销售计划，执行销售合同，遵守规定的价格，及时发货、结算、回收货款，增加产品的销售总量，以及利润总额。

3）完善经营体制。根据牛场的性质，完善经营体制，充分调动牛场内部的生产积极性，以提高牛场的利润水平。

（2）利润核算。在进行利润计算时，利润率是反映牛场利润水平的指标。通常牛场一定时期实现的利润额与相应的资金消耗及资金占用的比率，反映牛场的经济效益。

1）销售收入利润率。这是产品销售利润对产品销售收入的百分比，它反映产品销售利润占销售收入的比率。计算公式如下：

销售收入利润率=产品销售利润总额/产品销售总额×100%

销售收入利润率可以按全部产品综合计算，也可按每种主要产品分别计算。

2）销售成本利润率。这是产品销售利润对产品销售成本的百分比。计算公式如下：

销售成本利润率=产品销售利润总额/产品销售成本总额×100%

销售成本利润率的提高反映经济效益的提高，对促进牛场降低成本、改进销售、影响销售收入利润率的主要因素是产品的销售成本。在销售价格基本不变时，产品销售成本高，销售收入利润就低，销售收入利润率下降。相反，产品销售成本低，销售利润就高，销售收入利润率提高。所以，销售收入利润率反映牛场生产和销售工作的成果。增加利润有重要作用。销售成本利润率也是制定价格的重要依据。

销售成本利润率可以按全部产品综合计算，也可按每种主要产品分别计算。

3）产值利润率。这是产品销售利润对产品产值的百分比。计算公式如下：

产值利润率=产品销售利润总额/产品总产值×100%

产值利润率表明每万元产值提供的利润，产值利润率的提高，表明经济效益提高了，增产又增收。

4）资金利润率。这是一定时期内经营所得利润总额对同期占用资金总额的百分比。计算公式如下：

资金利润率=利润总额/（固定资产平均原值+定额流动资金平均余额）×100%

资金利润率是综合性经济效益指标，它反映牛场生产经营活动的综合效果。牛场对经营资金占用的多少、产品销售的多少、产品成本的高低等，都能通过资金利润指标反映出来。资金利润率的提高，意味着每投入1元资金就会带来更多的利润，即经济效益提高了。

（3）增加利润的主要途径。

1）降低成本。在价格稳定的情况下，成本越低，利润就越高，降低成本是增加利润的主要途径。

2）增加市场适销产品的产量。产品销售量的增加，可增加销售收入，从而增加利润。

3）提高产品质量。有利于扩大销售，优质优价，达到增加利润的目的。

4）减少资金占用。加速资金周转，增加利润。

6. 经济活动分析

开展经济活动分析，是财务管理工作的重要组成部分。经济活动分析就是利用会计、统计和业务核算资料，分析研究生产经营活动及其成果，挖掘增产节约潜力，以提高经济效益。

经济活动分析的内容十分广泛，它涉及资金运动（即资金占用、消耗、回收等）的全过程。其主要内容有：固定资产分析、流动资金分析、成本分析、销售和利润分析。可进行全面分析或专题分析。全面分析也叫系统分析，它是在一定时期内对供、产、销和资金运用情况进行全面分析。全面分析通常是在特定时期，如季节末、半年或年终进行，对经营管理进行全面评价。专题分析是针对某些重大经济措施和变化较大的关键性环节进行专项分析。专题分析的特点是不受时间的限制，灵活性强，能及时发现经济活动中的薄弱环节，以便采取措施。

在进行经济活动分析时，要有明确的分析目的和要求，搜集相关资料，掌握数据，计算经济效果，进行认真总结。同时，要针对存在问题，提出具体改进意见，使经济活动分析达到预期目的。

二、自动化控制技术在肉牛生产管理中的应用

（一）自动化控制系统分类

1. 自动识别系统　在牛场的自动控制系统中，首先要解决自动识别技术。对每一头牛进行识别，是对牛的全面精细控制的前提。应用电子标签技术，是目前解决识别的最新途径。

电子标志系统在肉牛饲养试验中已应用 20 余年，在欧洲已有许多技术成果展示。除企业内部在饲料的自动配给和产量统计方面应用外，还产生了另外一个应用领域，即跨企业的动物标志、疫病和质量控制及追踪动物的品种。要想达到此目的，须统一数据传输与编码方法。由 1996 年制定的 ISO 11784 和 ISO 11785 标准，规定的频率为 134.2 千赫，规定使用 FDX 或者是 SEQ 应答器。常见的应答器有项圈、耳牌式应答器、注射式应答器和药丸式应答器。

项圈式应答器能非常容易地从一头牛身上换到另外一头牛身上。它只允许在企业内部使用，主要应用于散栏式饲养模式下自动饲料配给，以及牛奶产量的测定。

耳牌式射频识别应答器的出现与价廉的条形码耳牌产生了竞争。条形码耳牌的缺点是只有将条形码耳牌放到商用条码阅读器旁边，才能识别这些动物。

而射频识别耳牌在小于1米的距离内即可把数据读出。因此，射频识别耳牌更适用于完全自动化过程。

注射式应答器在近10年才开始应用。其原理是利用一个特殊工具将应答器放置到动物的皮下。这样使动物的躯体与应答器之间建立起一个固定的联系，只有通过手术的方式才能取消这种联系。

药丸式应答器是一种非常实用的应答器安装方式。它是把一个应答器安装在一个耐酸的圆柱形外壳内（多数是陶瓷的）。将带有一个传感器的药丸式应答器通过动物的食道放入瘤胃内。一般情况下此应答器将终生停留在瘤胃内。这种方法的优点是简单，而且是在不伤害动物的情况下将应答器放到动物的体内，对动物的应激小。同时，在屠宰场取出药丸式应答器时，也比取出注射式应答器简单。

在动物饲养中，注射式应答器和药丸式应答器是不会产生错误的标志方法。两种系统的详细比较显示，粗放式饲养的牛群适用药丸式应答器；而对于集约式饲养的牛群，如在中欧有些国家所实行的那样，两种系统都适合。

与电子标签相配套的是阅读器。阅读器主要分近距离（10厘米）和远距离（80厘米左右）两大类。根据不同的用途可以选择不同的阅读器。电子自动识别系统是奶牛场解决实时控制的关键部件。它与其他信息技术结合，可延伸出许多控制系统。例如：自动分隔系统、体重自动记录系统、个体补饲自动系统（在群饲条件下）、自动监察发情系统等，这些自动化系统的联合使用，不仅减少了劳动力使用，而且对奶牛的生产性能测定更加精确，更有助于改进饲养管理水平。

2. 体重自动记录系统 传统饲喂方式下，犊牛的日增重多采用磅秤进行称量，而青年牛多是采用皮尺丈量，然后按照经验公式计算其估测值。这种测量方式的缺点是烦琐、不准确。现在通过电子秤与肉牛的自动识别系统相结合，形成了自动体重记录系统。系统在设计中采用了连续采样分析技术，肉牛可在步行通过中进行称重，从而大大地提高了称重的准确性与效率。

3. 自动个体补饲系统 散栏式饲养模式下，采用TMR饲养技术是针对群体的平均值计算肉牛营养的需要，但对高于此平均值的个体则显得采食量不够。自动个体补饲系统的使用，可改善分群饲养的不足之处。计算机配合体重自动记录装置，在牛群体中找出高于平均营养水平需要的肉牛，并将此信息传递给该肉牛所在牛舍中的自动补饲器，当这些需要再补充营养的肉牛走入自动补饲器时，自动补饲器会首先通过阅读器对肉牛身上的电子标签进行辨别，看是否需要补饲。一旦确认，投料系统自动打开，按量投料。不属于补饲的肉牛只能获得一点点安慰性的饲料，很快就结束喂食。

4. 其他自动化设备 自动清粪设备的工作原理是每天在设定的时间段，

定时将粪便由金属制造的刮粪板进行自动刮粪。根据奶牛排泄量的多少调节自动控制设备中的参数，以保持肉牛饲养环境干净。被刮粪板刮出的粪便集中到一起后，再进入粪尿分离设备进行处理。

全自动 TMR 发料车，已经成为计算机网络中的一个移动的工作节点。无线网络技术已经被广泛应用，全自动的 TMR 发料车上的无线网卡在接收到计算机发出的指令后，能自动去牛舍进行发料。同时，它也能将信息反馈给计算机，以便配合工作。无线网络技术的另一个应用功能是对牛舍中肉牛进行录像监控，带有无线网卡的摄像头在牛舍中起到监视牛群活动的作用。计算机可根据获得的情况做出处理报告。

（二）计算机在自动管理方面的应用

利用计算机技术提高企业管理水平，已成为当今世界数字经济中必不可少的手段。肉牛场应用信息技术产品在国外早已盛行，国内在部分肉牛企业也开始应用。

1. 牛场日常工作的安排 在以往牛场管理工作中，大多是技术管理人员依据肉牛不同生理阶段的需要去安排日常任务，工作量繁重。现在通过计算机自动化管理后，每天牛场的任务可以一目了然。计算机用几十秒甚至更短的时间就可以完成对 1 000 头肉牛的任务安排，打印输出后即可分发到各部门去执行，完成后的任务报告再反馈给计算机，以修正每头牛的进展状况。

牛场任务的确定，是依靠在计算机中存放的每一头牛的详细档案，以及牛场在运行计算机软件前，通过人机对话告诉计算机牛场在管理上需要的各种参数，以及相关牛资料。计算机就是依据这些参数及相关资料，对每头牛去进行辨别、运算，最终确定当前任务。所以，收集与跟踪每头在场牛的信息十分重要。

2. 肉牛场肉牛个体的事件管理 肉牛信息管理系统十分重要的一步工作，就是把肉牛一生在它身上发生的或产生的一切原始的重要信息采集并记录下来。在肉牛身上发生的事情用“事件”来描述。比如：肉牛从出生、断奶、发情、配种、怀孕、产犊、育肥、出栏、死亡等，这一切都是在肉牛身上发生的事件。对这些事件的管理是一个信息事件管理软件的基本功能。在这些功能中，肉牛从出生命名、牛号，到建立档案（包括照片及系谱资料建立）等，都由计算机自动建立一张基本信息卡。除了基本资料外，还有更详细的事件，都需要建立在肉牛的资料数据库内。资料越详细，对牛场的管理也越能做到精细。肉牛数据库保留的是牛身上发生的最原始资料。肉牛事件是肉牛资料库应该收集的重要信息，其中包括照片、断奶等一系列的信息，都为今后牛群进行整体性能的分析以及管理上的辅助决策做了前期的数据准备。

除了重要的事件信息以外，牛场的信息库还应该收集管理上所需要的其他各类信息，如牛场一线员工的相关信息，牛场各类物资的进、销、存、调信息(如冻精、药品、饲料)，每日的环境信息等。这些信息都与管理上的辅助决策有着密切的关系，使辅助管理决策更为精确有效。

3. 牛场生产管理 采集大量事件信息与辅助管理上的信息，其目的是指导生产。牛群中的月龄、体重、体况、采食量、环境及温度等信息在饲养管理系统中都是必不可少的因素。

管理与饲料配方有专门的饲养管理与饲料配方软件。该软件在为肉牛提供饲养生产管理时，首先是从肉牛数据库查询与饲养相关的那些数据，后再提取饲喂方法库中的牛群分群模型，针对整个牛群进行自动分群。计算机会输出牛群分群报告、牛调动报告。饲养员可根据牛调动报告中的牛进行牛舍调动，同时计算机又逐一对分群后的每一群体套用对应的肉牛饲养标准进行日粮配方。在日粮配方中，计算机还可实现人机互动，技术人员可修正计算机自动计算出的配方，直到这一配方满足某一群体牛的日粮营养需要为止。这样，计算机即可将这一配方输出到 TMR 发料车或输出给配料间，同时计算机又保存了这次的配方。经过实际饲喂反馈的肉牛生产性能信息，还可验证配方效果和在下次做配方时对某些数进行修正，直到满意为止。经过几次修正，即可将此配方设计提升到配方模板库内行长期保存，以备后用。若有大量的配方模板，也可在配方时立刻调用模板库里某一牛群的配方模板进行微调后使用，这样可提高配方的效率。当然也可把他人的成功配方输入计算机的模板库内备用。使用计算机饲养管理软件系统，再配合自动个体补料机即可完成牛场的精细饲养。

计算机系统除了以上重要功能外，还可加强饲料仓库的管理。计算机可随时根据库存量的变化输出采购清单，输出推荐优先使用的饲料，输出将到保质期的饲料等。这一切都对企业管理带来极大的方便，提高奶牛场的管理水平。在此特别提及的是，饲养管理系统一个重要的提示是投入与产出。计算出的配方投入产出是否合理，还需有评估报告。

第十章 规模化肉牛场饲养管理技术及模式

一、肉牛的营养需要

肉牛的营养的需要可以分为水、干物质、能量、蛋白质、糖类、矿物质及微生物等的需要。这些营养物质都是肉牛维持正常生命活动与生产所必需的。不同营养物质的需要量与肉牛的品种、生理状态、生产目的等有关。

（一）水的需要

水是肉牛体内重要的溶剂，占肉牛体重的55%~65%。其参与体内多种营养物质的消化、吸收、转运及维持正常的离子平衡、代谢废物的排出、体热的散发等，有着极其重要的作用。

肉牛的饮水量与其年龄、生理状态、干物质采食量、气候条件、饲料性质、水的品质及所处生理状态等有关。肉牛需要的水主要来源于日常饮水、饲料水及代谢水，其中日常饮水为主要水来源。肉牛体内水分通过泌乳、粪、尿、肺呼吸、皮肤蒸发等途径流失。肉牛摄水不足，会出现生长减缓、消化吸收障碍、代谢紊乱等，严重时会影响牛体健康，造成较大的经济损失。所以在饲养中要保证肉牛有充足的洁净饮水，并符合农业部行业标准 NY 5027—2008《无公害食品 畜禽饮用水水质》对水质的要求。

（二）干物质的需要

干物质采食量（DMI）是制定日粮配方的重要指标，与机体健康和生产水平有着紧密的联系。干物质采食量与其体重、产泌乳量、生理阶段、日粮类型、饲养水平、饲养条件等多种因素有关。干物质摄入不足会影响生产水平的发挥，也对泌乳牛的健康不利。但干物质摄入过量会加大饲养成本、影响肉牛机体健康，同时未被机体吸收、利用的营养物排泄到环境中会加大环境净化压力。

肉牛干物质采食量通常采用以下公式进行计算：

1. 生长肥育牛干物质采食量 日粮能量浓度需在8.37~10.46兆焦/千克。

$$DMI=0.062\times LBW^{0.75}+(1.529+0.0037\times LBW)\times ADG$$

式中：DMI 为干物质采食量，单位为千克/天；LBW 代表活重，单位为千克；ADG 表示平均日增重，单位为千克/天。

2. 繁殖母牛干物质采食量

$$DMI = 0.062 \times LBW^{0.75} + (0.790 + 0.05587 \times t)$$

式中：DMI 为干物质采食量，单位为千克/天；LBW 为活重，单位为千克；t 表示妊娠天数。

3. 哺乳母牛干物质采食量

$$DMI = 0.062 \times LBW^{0.75} + 0.45 \times FCM，其中，FCM = 0.4 \times M + 15 \times MF$$

式中：LBW 为活重，单位为千克；FCM 代表4%乳脂率标准乳量，单位为千克；M 为每日产奶量，单位为千克/天；MF 为乳中脂肪含量，单位为千克。

（三）能量的需要

肉牛的基础生理代谢、泌乳、生长及繁殖均需要消耗能量来维持。我国目前采用净能体系，将肉牛对能量的需要具体分为维持能量需要、生长能量需要、妊娠能量需要及泌乳能量需要。肉牛能量单位以RND表示，即为1千克中等玉米的综合净能，1RND＝8.08兆焦。

1. 育肥牛能量需要

（1）育肥牛的维持净能需要量。育肥牛的维持净能需要受多种因素的影响，如品种、年龄、性别、生理阶段、活动量、环境温度及饲养水平等。肉牛育肥牛在15～18 ℃条件下舍饲，无应激、维持基本生命活动的能量需要为$322W^{0.75}$。环境温度低于12 ℃时，每降低1 ℃，维持净能就需增加1%。

（2）育肥牛的生长能量需要量。生长牛用于生长增重的能量沉积即为生长能量需要。可通过以下公式计算：

$$增重的净能需要 = (2092 + 25.1W)\ \Delta W / (1 - 0.3\Delta W)$$

式中：W 为体重，单位为千克；ΔW 为日增重，单位为千克。

（3）育肥牛的综合净能需要量。

$$育肥牛的综合净能 = 维持净能需要量 + 生长能量需要量$$

2. 妊娠母牛能量需要量 母牛在妊娠期，随着胎儿的生长，胎膜、羊水等的快速增加，使得能量需要也相应增加。

$$妊娠后期母牛的维持净能需要 = 322W^{0.75} + (0.19769t + 11.76122)$$

式中：W 为体重，单位为千克；t 为妊娠天数。

3. 哺乳母牛能量需要量 哺乳母牛的维持净能需要量为$322\ W^{0.75}$；每生产1千克标准乳需要消耗3 188千焦的能量。

（四）蛋白质的需要

肉牛的蛋白质需要主要用于生长、维持、泌乳及繁殖。饲料中的粗蛋白可包括真蛋白质和非蛋白氮两种。70%粗蛋白质在瘤胃中被瘤胃微生物降解并用于合成菌体蛋白，称为瘤胃可降解蛋白；剩余的30%不能被瘤胃微生物降解，称为瘤胃非降解蛋白或者过瘤胃蛋白。菌体蛋白和瘤胃非降解蛋白质进入真胃和小肠中被分解为肽、氨基酸而被机体吸收利用。

肉牛日粮中蛋白含量过高时，会引起机体代谢功能紊乱，甚至会导致中毒。同时也会降低饲料的转化效率、增加饲养成本，过量的氮素排出体外将会对大气、土壤及水体等造成污染。日粮中蛋白含量较低时，则会降低肉牛的营养水平，会造成瘤胃微生物的营养来源不足，影响瘤胃菌体蛋白的合成，从而降低瘤胃对纤维的消化能力。

肉牛维持的可消化粗蛋白需要（克）为 $3.0W^{0.75}$，粗蛋白质（克）为 $4.6W^{0.75}$。

用于增重的蛋白质需要为

蛋白质（克/天）$=\Delta W\ (168.07-0.168W+0.000163W^2)\times(1.12-0.1223\Delta W)$

式中：其中 ΔW 为增重量（千克）；W 为体重（千克）。

妊娠期蛋白的需要可按要求在维持的基础上分别提高。6~9个月时可消化粗蛋白分别提高77克、145克、255克、403克。

泌乳母牛的蛋白质需要量为在维持的基础上，每生产1千克标准乳需要增加85克粗蛋白质。

（五）碳水化合物的需要

碳水化合物主要为肉牛机体的各种生理及代谢活动提供能量，是肉牛必需的营养物质之一。除水分外，糖类一般占肉牛日粮营养成分的70%~80%，其主要生理作用是为机体及瘤胃中微生物提供能量进行菌体蛋白质的合成。碳水化合物中不同成分的合理搭配对于维持肉牛的健康有着密切关系。碳水化合物中对肉牛具有重要营养作用与生理功能的是中性洗涤纤维（NDF）。粗饲料中的中性洗涤纤维含量一般在50%~70%，当刈割期推迟时，其含量将进一步上升。谷物饲料的中性洗涤纤维含量一般为25%~35%。在以苜蓿、玉米青贮为主要粗饲料来源，玉米作为主要精饲料来源时，日粮中中性洗涤纤维的含量应占日粮干物质含量的25%以上，且其中的19%需来源于粗饲料。

（六）矿物质的需要

肉牛需要的矿物质元素可以分为常量元素和微量元素。常量元素主要包括钙、磷、镁、钾、钠、氯、硫等，需要量主要以克计量。常量元素是肉牛骨骼等组织的主要成分，同时还是维持体内酸碱平衡、渗透压及传递神经冲动等不可或缺的营养物质。微量元素主要包括铁、钴、铜、锰、锌、碘、硒等，在体组织的浓度较低，需要量以毫克或微克计量，主要参与金属酶的组成或作为酶和激素系统中的辅助因子。

1. 常量元素

（1）钙。钙是肉牛日粮中重要的常量元素。钙主要存在于骨骼和牙齿中，在组织及体液中仅占2%左右，主要在肌肉的兴奋、心脏的调节、神经传导、血液凝固、奶的生产等方面起重要作用。若在泌乳期等钙供应不足，会引起机体钙营养失调，则会动用骨骼中的钙，严重的会导致肉牛产后低血钙等。生长期的肉牛若缺钙，常发生佝偻病、软骨病等。

钙的需要量受乳牛个体情况、生产状况等的影响。据测定，肉牛维持状态下每日每100千克体重维持需要的钙为6克。

（2）磷。磷除参与组成有机体的骨骼外，是体内物质代谢必不可少的物质。由于钙、磷同时参与骨骼组成，所以，当磷不足时同样会使机体发生软骨症、佝偻病等。在日粮中应注意添加麦麸、米糠、菜籽饼、棉籽饼和动物性饲料等以防止缺磷现象的发生，且钙磷比例应在（1.3~2）：1。磷添加过量则引起骨骼发育异常，更甚者还会导致尿结石等症。在长期使用尿素作为粗蛋白质饲料时需要补充一定量的钙、磷。肉牛维持状态下每日每100千克体重需要的钙为4.5克。

（3）镁。肉牛机体内70%的镁以盐的形式存在于骨骼和牙齿中，是机体内多种酶的活化剂，在糖和蛋白质代谢中起重要作用。低浓度的镁会降低对神经、肌肉的抑制作用，所以，在缺镁时表现为外周血管扩张、脉搏次数增加。继续降低时则会出现神经过敏、颤抖、肌肉痉挛等现象。在冬季及饲喂大量劣质青贮饲料时，容易发生低血镁症。

（4）钾。钾离子主要存在于细胞内液中，与钠、氯及重碳酸盐离子共同维持细胞内的渗透压，还是维持酸碱平衡、维持神经和肌肉兴奋性不可缺少的元素。机体缺钾时，表现为生长受阻、肌肉软弱、异食癖、过敏症等。大部分青绿饲料中钾含量均可满足肉牛日常需要，精料中钾含量相对较低，故饲喂高精料日粮的肉牛会有缺钾的可能。

（5）钠和氯。钠和氯主要参与水的代谢，维持细胞外液渗透压和酸碱平衡。钠还与其他离子共同维持正常肌肉神经的兴奋性，对心肌活动起调节作用。氯在胃液中与氢离子结合形成盐酸，具有杀菌作用。当缺乏时，无明显的症状，仅表现动物生长性能受阻，饲料转化率降低，成年动物生产性能下降等。

（6）硫。肉牛机体中的硫是蛋氨酸、胱氨酸等必需氨基酸的成分，也是硫氨酸、生物素和某些多糖、酶的组成成分。肉牛日粮中缺硫会引起食欲减退、增重减轻等。但饲喂过量也会降低饲料采食量，加重泌尿系统负担，甚至引起急性中毒。

2. 微量元素

（1）铁。铁主要存在于血液、肌肉、肝、脾及骨髓中，主要是作为氧的载体以保证体组织内氧的正常输送，并参与细胞内生物氧化过程。缺铁时常表现为贫血症。肉牛对铁的需要量为每千克日粮 75 毫克，犊牛可提高到 100 毫克。

（2）钴。钴参与蛋白质代谢、碳水化合物代谢，是瘤胃微生物生长必需的。瘤胃微生物利用钴合成维生素 B_{12}。当缺乏钴时，肉牛则会出现维生素 B_{12} 的缺乏，主要表现为营养不良，生长停滞、消瘦、贫血等。肉牛每日钴的补给量为每千克日粮干物质 0.1~0.2 毫克。

（3）铜。铜是构成血红蛋白的成分之一，是体内多种酶的激活剂，具有催化血红蛋白合成的作用。机体缺铜时往往会出现贫血、运动失调、生长缓慢、被毛粗乱、骨代谢异常等现象，同时会影响泌乳量及导致繁殖疾病的增加。肉牛对铜的需要量为每千克日粮干物质 6~12 毫克。

（4）锰。锰与生长、繁殖、三大产能营养素的代谢有关，是体内多种酶的活化剂。日粮中缺乏锰会引起犊牛软骨组织增生、关节肿大，还可导致母牛发情征象迟缓或减退，影响受胎率。锰过量则会降低体内铁储量而产生缺铁性贫血。肉牛日粮中锰的供给量为每千克日粮干物质 20~40 毫克。在大量饲喂大麦、玉米等时，建议补充米糠、麸类饲料、碳酸锰、氯化锰、硫酸锰等。

（5）锌。锌是体内多种酶的成分，还是胰岛素的组成成分，参与碳水化合物、核酸、蛋白质的代谢。锌缺乏时，犊牛生长会受阻，降低饲料采食量及利用率，皮肤出现不全角质化、被毛易脱落，严重时会影响繁殖功能。锌过高则不利于机体对铁和铜的吸收利用，影响瘤胃微生物的生长。

（6）碘。碘在机体内含量甚微，多集中于甲状腺中，参与许多物质的代谢过程，对动物健康、生产等有重要影响。缺碘时，会降低机体代谢水平、甲状腺肿大、发育受阻等。碘的补给量以每千克日粮干物质中供应量为 0.4~1.2 毫克为宜。

（7）硒。硒分布于全身所有组织中，以肝、肾、肌肉中分布最多。硒是谷胱甘肽过氧化物酶的主要成分并依赖硒而致活。硒和维生素 E 具有相似的抗氧化作用。硒不足，可引发白肌病肝坏死、生长迟缓、繁殖力下降等。

（七）维生素的需要

维生素是一类低分子有机化合物，分为脂溶性维生素和水溶性维生素两大类。脂溶性维生素主要包括维生素 A、维生素 D、维生素 E 等，水溶性维生素主要为 B 族维生素。维生素参与多个代谢过程、细胞免疫功能及基因表达控制，与肉牛的整个生长过程、生产效能与健康状况均有着重要联系。

1. 脂溶性维生素

（1）维生素 A。维生素 A 对于促进视力发育、促进骨骼生长和提高繁殖功能有着重要作用。维生素 A 缺乏则表现为夜盲或眼干燥症，幼畜生长发育受阻，母牛易流产、胎衣不下、子宫炎等繁殖系统疾病，且被毛粗乱、无光，食欲不佳，易患呼吸道疾病等。推荐产肉牛和妊娠后期维生素 A 饲喂量为 75 000~100 000 国际单位。

（2）维生素 D。维生素 D 与钙、磷的代谢有着密切的关系。缺乏维生素 D 则会导致钙、磷代谢紊乱，出现佝偻病、骨质疏松、四肢关节变形、肋骨变形等现象。乳牛泌乳期缺乏维生素 D 时，会缩短泌乳期。推荐泌乳牛和妊娠后期维生素 D 饲喂量为 21 000~25 000 国际单位。

（3）维生素 E。维生素 E 在机体内与硒有协同作用，可用于防治母牛胎衣不下等。维生素 E 缺乏时，则会出现肌肉营养不良、心肌变性、繁殖性能降低等病症。推荐泌乳牛维生素 E 饲喂量为 500~800 国际单位，妊娠后期为 1 100~1 220 国际单位。

2. 水溶性维生素 瘤胃微生物能合成大部分机体所需的水溶性维生素，机体组织也可以合成维生素 C，故通常认为肉牛一般不需要刻意额外补充水溶性维生素。但犊牛在瘤胃功能发育健全之前可能需要补充 B 族维生素，且近年来研究发现，烟酸对肉牛在某些条件下有一定的营养作用。

烟酸是 B 族维生素的一种，与机体三大营养物质代谢有着紧密的关系。在日粮中添加烟酸可以减少肉牛的应激，可以促进瘤胃中微生物蛋白的合成。

二、饲草的加工技术与日粮配制

（一）常用饲料类型

肉牛生产中常见和常用饲料一般分为粗饲料、精饲料、糟粕类饲料、多汁饲料、矿物质饲料和添加剂类饲料等类型。

1. 粗饲料 粗饲料指天然水分含量在 60% 以下、体积大、可消化利用养分少、干物质中粗纤维含量大于或等于 18% 的饲料。常见的有青贮类饲料、干草类饲料、青绿饲料、作物秸秆等。

2. 精饲料 精饲料是指容积小、可消化利用养分含量高、干物质中粗纤维含量小于 18% 的饲料。包括能量饲料和蛋白饲料。能量饲料指干物质中粗纤维含量低于 18%，粗蛋白质含量低于 20% 的饲料。常见的能量饲料有谷实类（玉米、小麦、稻谷、大麦等）、糠麸类（麦麸、米糠等）等。蛋白饲料指干物质中粗纤维含量低于 18%，粗蛋白质含量等于或高于 20% 的饲料。常见的蛋白饲料有豆饼、豆粕、棉籽饼、菜籽饼、胡麻饼、玉米胚芽饼等。

3. 糟粕类饲料 糟粕类饲料指制糖、制酒等工业中可饲用的副产物，如酒糟、糖渣、淀粉渣（玉米淀粉渣）、甜菜渣等。

4. 多汁饲料 多汁饲料主要指块根、块茎类饲料。

5. 矿物质饲料 常见的矿物质饲料有食盐、含钙磷类矿物质（石粉、磷酸钙、磷酸氢钙等）。

6. 添加剂类饲料 添加剂类饲料包括营养性添加剂和非营养性添加剂。常见的营养性添加剂有维生素、微量元素、氨基酸等，常见的非营养性添加剂有抗生素、促生长添加剂、缓冲剂等。

7. 非蛋白氮类饲料 非蛋白氮类饲料包括尿素及其衍生物类、氨态氮类（如液氨、氨水）、铵类（如硫酸铵、氯化铵等）、肽类及其衍生物（如氨基酸肽、酰胺等）。

（二）饲料的加工、调制与管理

1. 精饲料的加工方法 各种原料经过必要的粉碎，按照配方进行充分的混合。粉碎的颗粒宜粗不宜细，如玉米的粉碎，颗粒直径以2~4毫米为宜。另可以采用压扁、制粒、膨化等加工工艺。

2. 干草的制备 干草的营养成分与适口性和牧草的收割期、晾晒方式有密切关系。禾本科牧草应于抽穗期刈割，豆科牧草应于初花现蕾期刈割。牧草收割之后要及时摊开、晾晒，当牧草的水分降到15%以下时应及时打捆。豆科牧草也可压制成捆状、块状、颗粒成品供应。

3. 青贮饲料的加工调制 制作青贮的玉米最适宜的收割期为乳熟后期至蜡熟前期。入窖时原料的水分控制在65%左右为最佳，水分过高过低都会影响青贮的品质。青贮原料应含一定的可溶性糖，含量应达2%以上。当青贮原料含糖量不足时，应掺入含糖量较高的青绿饲料或添加适量淀粉、糖蜜等。

原料在青贮前，要切碎至长3.5厘米左右。往青贮窖中装料，应边往窖中填料，边用装载机或链轨推土机层层压实，制作时间一般不应超过3天。对于容积大的青贮窖，在制作时可采用分段装料、分段封窖的方式进行。应用防老化的双层塑料布覆盖密封，密封程度以不漏气、不渗水为原则，塑料布表面用砖土覆盖压实。青贮饲料一般在制作45天后便可以使用。密封完好的青贮饲料，原则上以1~2年使用完毕为宜。

4. 秸秆类饲料加工调制 秸秆类饲料的加工主要分为物理处理法、化学处理法及生物处理法。

（1）物理处理法：主要包括切短、粉碎、揉搓、压块、制粒等。秸秆切短至3~5厘米为宜。

（2）化学处理法：主要包括石灰液处理、氢氧化钠液处理、氨化处理等。氨化处理多用液氨、氨水、尿素等。

（3）生物处理法：主要是采用秸秆微贮技术。

5. 饲料的储藏 饲料在储藏时要注意做到防雨、防潮、防火、防冻、防霉变、防发酵及防鼠、防虫害。饲料要堆放整齐，标识鲜明，便于先进先出。饲料库有严格的管理制度，有准确的出入库、用料和库存记录。

（三）日粮的配制

1. 配制原则 肉牛日粮的配制应根据《肉牛饲养标准》（NY/T 815—2004）和《饲料营养成分表》，结合肉牛生产实际，科学设计日粮配方。日粮配制应做到精粗料比例合理、营养全面，能够满足肉牛的营养需要。

2. 肉牛日粮配合的方法

（1）粗饲料组合模式的确定方法。日粮一般以粗饲料满足肉牛的维持需要。粗饲料组合模式的确定按以下三步骤进行：

1）先按粗饲料干物质中青贮占50%、干草占50%的原则，再根据所选青贮、干草品种的干物质含量，确定粗饲料中青贮和干草所占的比例。

2）根据所选青贮、干草 DM、RND、CP 的含量，计算 1 千克按以上比例组合粗饲料的 DM、RND、CP 含量。

3）根据 1 千克粗饲料 DM、RND、CP 含量和按体重计算出的 DM、RND、CP 维持需要量计算出同时满足 DM、RND、CP 维持需要量的粗饲料给量。再按青贮、干草在粗饲料中所占的比例计算出青贮给量、干草给量。

（2）精饲料组合模式的确定方法。一般以精饲料满足肉牛生产营养需要，精饲料组合模式的确定方法按以下两步骤进行。

1）根据育肥计划、料肉比计划及 RND、CP 的需要量计算出 1 千克混合精料 RND 含量和 CP 含量。

1 千克混合精料 RND 含量 =（增重 1 千克的 RND 需要量×日增重量）/（日增重量/料肉比）

1 千克混合精料 CP 含量 =（增重 1 千克的 CP 需要量×日增重量）/（日增重量/料肉比）

2）根据混合精料 RND 和 CP 含量及计划选用精饲料品种的 RND 和 CP 含量，确定各种精饲料品种在混合精料中所占比例。最后用矿物质和动物性饲料调整混合精料中的钙、磷含量。可用代数法进行计算。

（3）日粮配合试差法。

1）根据体重、日增重，查找肉牛饲养标准中的维持营养需要量表和增重营养需要量表，确定日粮干物质、RND、粗蛋白（或可消化粗蛋白、小肠可消化粗蛋白）、钙、磷的维持需要量等的营养需要量。

2）根据准备采用的饲料品种，查肉牛饲养标准中的常用饲料成分与营养价值表，确定各种选用饲料的干物质、RND、粗蛋白（或可消化粗蛋白、小肠可消化粗蛋白）、粗纤维、钙、磷的含量。

3）根据牛群的一般采食量，先确定粗饲料（干草、秸秆、青贮、青绿饲料）、多汁饲料、糟粕料的日粮组成及日饲喂量，然后计算出这些饲料的干物质、RND、粗蛋白（或可消化粗蛋白、小肠可消化粗蛋白）、粗纤维、钙、磷的进食量，并与维持合计营养需要量对比，差额部分由混合精料补齐。

4）根据混合精料干物质、RND、粗蛋白（或可消化粗蛋白、小肠可消化粗蛋白）、粗纤维、钙、磷的含量，确定能补足以上各种营养成分需要的混合精料喂量。混合精料的配方可按照增重营养需要预先制定，也可根据营养成分的差额临时制定。混合精料一般由玉米、麦麸、饼粕类、动物性饲料（如鱼粉）、矿物质饲料（石粉、骨粉、食盐）、添加剂（维生素、微量元素）和瘤胃缓冲剂（碳酸氢钠）组成。按照先后满足能量、粗蛋白、钙、磷的顺序确定混合精料的组成。能量来源以玉米、麦麸为主，粗蛋白补充以饼粕类、鱼粉为主，钙、磷补充以矿物质为主。

5）最后检查日粮的干物质、能量、粗蛋白、钙、磷是否满足维持生产和生长的营养需要量，并检查干物质中粗纤维含量，精粗干物质比，草储干物质比，钙、磷比是否符合日粮配合原则的要求。

3. 日粮配制应注意的问题　日粮中应确保有稳定的玉米青贮供应，提倡多种搭配、优质优先。还应注意合理的能蛋比，过多的蛋白质会引起代谢病，过量的脂肪会降低乳蛋白率。日粮配合比例一般为粗饲料占45%~60%，精饲料占35%~50%，矿物质类饲料占3%~4%，维生素及微量元素添加剂占1%，钙磷比为（1.5~2.0）：1。

4. 全混合日粮　全混合日粮（TMR）是根据肉牛营养需要，把粗饲料、精饲料及辅助饲料等按合理的比例及要求，利用专用饲料搅拌机械进行切割、搅拌，使之成为混合均匀、营养平衡的一种日粮。全混合日粮水分应控制在40%~50%。

三、母牛的饲养管理

（一）妊娠母牛的饲养管理

母牛的整个妊娠期分为妊娠前期、妊娠后期。

1. 妊娠前期　为受胎到怀孕26周。一般按空怀母牛进行饲养，以优质青粗饲料为主，适当搭配少量精料补充料，每天饲喂2~3次。如果能保证玉米青贮或青草供应，可不喂精补料。

2. 妊娠后期　为怀孕27~38周。妊娠后期应以青饲料为主，搭配适量精补料。精补料饲喂量多少应根据体况和粗饲料的质量来确定。如果饲喂全株青贮玉米或豆科和禾本科的混合牧草，基本上不需要饲喂精补料。自由饮水，水温应在12~14 ℃。

母牛在妊娠期保持中上等体况即可，不宜过肥。控制棉籽饼（粕）、菜籽饼（粕）、酒糟等饲料的饲喂量。判断母牛膘情的简易方法是看肋骨凸现程度。同时应做好保胎工作，预防流产或早产。妊娠后期对母牛应做到单独组群饲养，避免撞击腹部，雨天不放牧；不喂霜、冻、变质饲料，不饮带冰渣的水；吃饱饮足后不驱赶，每天让其自由活动 3~4 小时。

（二）围产期母牛饲养管理

围产期分为围产前期和围产后期。

1. 围产前期 是指产前半个月至分娩，该时期应饲喂营养丰富、品质优良、易于消化的饲料。并在产前 15 天，将母牛转入产房，使其自由活动。母牛分娩时，应左侧位卧，用 0.1%高锰酸钾清洗外阴部，出现异常则需助产。

2. 围产后期 为产后半个月。分娩后应随即驱赶母牛站起，加强管理，使母牛完整排出胎衣和恶露。若胎衣完整排出后，要用 0. 1%高锰酸钾消毒母牛外阴部和臀部，并立即给母牛喂温热足量的麦麸汤，配方为：麦麸 1 500 克，食盐 100 克，加到 15 千克左右 36~38 ℃温水中，调成稀粥状供母牛舔食。母牛产后 7 天内要饮用 37 ℃的温水，7 天之后可以降至 10~20 ℃。随时观察粪便，若发现粪便稀薄、颜色发灰、恶臭等不正常现象，则应减少或停喂精补料。围产后期应让母牛自由采食优质干草，产后 3 天内，一般饮用豆饼水较好，3 天后补充少量混合精料，逐渐增至正常，产后 15 天精补料喂量达到体重的 1%左右。

（三）哺乳母牛饲养管理

1. 舍饲哺乳母牛 母牛分娩 2 周后，日粮粗蛋白含量应不低于 10%，同时还应供给充足的钙、磷、微量元素和维生素。混合精料补饲量 2~3 千克，可大量饲喂青绿、多汁饲料，保证母牛产后正常发情。

若母牛产后恢复良好，可回原群饲养。舍饲哺乳母牛应根据牛场的饲料资源和管理水平在产后 2~4 月进行人工断奶，产后 3 个月逐步减少混合精料饲喂量，青粗饲料应少给勤添。并通过加强运动、刷拭牛体、足量饮水等措施，避免产奶量急剧下降。

2. 放牧哺乳母牛 在有条件的地方，哺乳母牛在春季、夏季应以放牧管理为主。在放牧季节到来之前，要检修房舍、棚圈及篱笆，确定水源和饮水后休息场所。

当牛群由舍饲转为放牧时，开始一周不宜吃得过多，放牧时间不宜过长，每天至少补充 2 千克干草。要注意保证食盐或添砖的补给，即在母牛饮水的地方设置盐槽，供自由舔食。母牛从舍饲到放牧要逐步过渡，夏季过渡期需 7 天，冬季过渡期需 10~14 天。每天放牧时间从 2 小时逐渐过渡到 12 小时。过渡期内要用粗饲料弥补放牧不足。同时需特别注意不要在有露水的草场上放牧，也不要让牛采食大量易产气的幼嫩豆科牧草。

四、犊牛的饲养管理

（一）新生犊牛的饲养管理

犊牛出生后应清除口鼻部的黏液，并让母牛尽快舔干犊牛或人工辅助擦干犊牛身上的黏液。如遇假死，倒提牛犊，拍打胸部。犊牛生后 0.5~1 小时，要人工引导其接近母牛乳房寻食母乳，使犊牛出生后尽快让其吃上初乳。若母乳不足或产后母牛死亡，可喂其他健康母牛的初乳，按每千克常乳加 5~10 毫升青霉素或等效的其他抗生素、3 个鸡蛋、4 毫升鱼肝油配成人工初乳代替，另补饲 100 毫升的蓖麻油，代替初乳的轻泻作用。人工哺乳时可使用奶瓶或奶桶饲喂。

（二）哺乳期犊牛的饲养管理

哺乳期的犊牛大部分情况下让犊牛随母牛自然哺乳。犊牛出生 7 日龄后，可在母牛栏的旁边设犊牛补饲栏，使母牛与犊牛短期隔开。犊牛栏内要设置饲槽、水槽（盆），添加优质干草和精补料，训练其采食咀嚼，以促进瘤胃、网胃发育。8 周龄前不宜多喂青贮饲料和秸秆。若母乳不足，可选用健康、产奶量中下等产母牛作保姆牛。犊牛和保姆牛分栏饲养，每日定时哺乳 2 次。无保姆牛时，可人工哺喂 35~38 ℃的常乳，5 周龄内日喂 3 次，6 周龄以后日喂 2 次。若新生犊牛下痢，可添加规定使用的抗生素。犊牛出生后注意保证充足的 36~38 ℃温开水饮用，以满足正常代谢对水分的需求。1 月龄后可在运动场内设置水槽，让犊牛饮用常温水。犊牛一般在出生 10 天后采用电烙铁去角法和氢氧化钠去角法去角。

在我国北方，冬季严寒风大，要注意犊牛舍的保暖，也要注意通风，牛舍要用帘子等遮挡以防贼风侵入。在犊牛栏内要铺柔软、干净的垫草，保持舒适的温湿度。

犊牛出生后放在靠近产房的单栏中饲养，1 月龄后过渡到群饲栏。同一群栏犊牛的月龄应一致或相近。

（三）断奶期犊牛饲养管理

一般在犊牛每天吃到 1 千克左右精料时，便可断奶，以促进其生长发育，使母牛尽早发情。后备种牛一般在 6 月龄断奶，育肥牛应根据条件在 2~4 月龄断奶。犊牛断奶即分群，后备犊牛按性别分群以防早配。

五、育成牛的饲养管理

（一）繁育场育成牛饲养管理

1. 育成公牛的饲养管理 公、母犊牛在饲养管理上几乎相同，但进入育成期后则有所不同。育成公牛的生长发育比母牛快，特别需要以补饲精料的形式提供营养，以促进其生长发育和性成熟。育成公牛的饲养，在自由采食优质粗饲料基础上，应供给一定量精料。6~12月龄，粗饲料以青绿饲料为主时，精粗比一般为55∶45；以干草为主时，其比例为60∶40。在饲喂豆科或禾本科优质牧草的情况下，对于周岁以上育成公牛，混合精料中粗蛋白质的含量以12%左右为宜。

育成公牛要全部登记建卡和建立详细档案。包括监测6月龄、12月龄、18月龄及24月龄体重和体尺，记录疫苗接种、疾病发生及治疗、配种等信息。育成公牛应与母牛分群饲养。留种公牛若作为采精用，则6月龄开始带笼头，拴系饲养。达8~10月龄时应穿鼻环带，采用不锈钢，拴系采用皮带，沿公牛额部固定在角基部，牵引时应坚持左右侧双绳牵导。对烈性公牛，需用勾棒牵引，由一个人牵住缰绳的同时，另一人两手握住勾棒，勾搭在鼻环上以控制其行动。种用公牛必须坚持运动，上午、下午各进行一次，每次1.5~2.0小时，行走距离3~4千米，运动方式有旋转架、套爬犁或拉车等。运动不足或长期拴系，会使公牛性情变坏，精液质量下降，易患肢蹄病和消化道疾病等。但运动过度，对牛的健康和精液质量同样有不良影响。

在日常管理上应坚持牛体刷拭。每日刷拭2次，每次2~3分钟，刷拭时先从后躯开始，然后到腹部、颈部，最后到头部，有利于促进牛体血液循环、牛体卫生和健康。常修蹄、护蹄，保持蹄壁和蹄叉的清洁。每年春秋两季各进行一次检蹄修蹄。同时还需供应充足干净饮水，最好每头牛有一个独立的饮水器。及时清除粪便，使牛床干燥，每天清洗食槽、水槽，工作服及用具定期消毒。注意观察牛粪便的质地和气味、鼻镜水珠情况、精神状态等。每月定时称重，适时调整日粮和饲喂量及饲料营养水平，保证其正常的生长速度。

2. 育成母牛的饲养管理 育成母牛是指犊牛断奶至第一次产犊的母牛，是体尺、体重增长最快的时期。育成期饲养的目的是使其按时达到理想的体形、体重标准和性成熟，按时配种受胎。在全放牧条件下一般15~24月龄初配（初配体重在250千克以上即可），两岁至两岁半产犊；在较好的舍饲条件下12~15月龄初配，1岁半至两岁之间产犊。

6~12月龄时，母牛的性器官和第二性征发育很快，体躯向高度和长度两个方向急剧生长，其前胃容积扩大1倍左右。饲养要求提供足够的营养，又必须具有一定的容积，以刺激前胃的生长。除给予优质的干草和青饲料外，还必须补充一些混合精料，精料占饲料干物质总量的30%~40%。12~18月龄时日粮应以青、粗饲料为主，其比例约占日粮干物质总量的75%，其余25%为混合精料，以补充能量和蛋白质的不足。18~24月龄时母牛已配种受胎，生长强度逐渐减缓，此期间以优质干草、青草或青贮饲料为基本饲料，精料可少喂。到妊娠后期，由于体内胎儿生长迅速，则需补充混合精料，每日2~3千克。

如有放牧条件，育成牛应以放牧为主。在优良的草地上可实行全天候放牧方式，只要适当进行添砖补饲即可；如采用半放牧方式，放牧回舍，则应补喂一些干草和适量精料。

育成母牛要全部登记建卡和建立详细档案。包括监测 6 月龄、12 月龄、18 月龄及 24 月龄体重和体尺，记录疫苗接种、疾病发生及治疗、配种等信息。断奶后公、母牛要分群饲养，注意牛体的刷拭，及时去除皮垢。育成母牛应从 10 月龄后即注意牛只蹄部状况，及时进行修蹄和保障牛只充分运动。炎热地区夏季要做好防暑工作，运动场设凉棚或栽树遮阳；冬季气温低于-13 ℃的地区要做好防寒工作。

育成母牛的初配年龄应在 18 月龄左右，体重应达到成年体重 70%以上。配种员及饲养员应仔细观察母牛发情表现，根据档案记录，做好选配计划，并严格按计划进行。

（二）育肥场育成牛饲养管理

育肥场的育成牛年龄一般为 6~12 月龄，是骨骼、肌肉、瘤胃等发育速度最快的时期。干物质采食量一般为牛体重的 2.5%以上，精饲料按体重的 1.3%~1.5%供给，粗饲料自由采食，秸秆类粗饲料长度一般为 2~3 厘米，精饲料由玉米、豆粕、棉籽粕、酒糟、大豆皮、麦麸等组成，粗饲料以玉米秸、玉米青贮和优质干草为主。在保证营养需要的条件下，应尽量多喂粗饲料。饲养方式以小群散养效果最好，自由饮水。每天饲喂 2~3 次，先粗后精。

育成牛在 6 月龄开始按性别、体重、大小、强弱进行分群，进行体内、体外驱虫，以生产高档牛肉为目的的公犊宜在 6 月龄以前进行去势。每天记录饲料饲喂量、健康情况等信息。

有条件的牛场可使用锯末或稻草进行垫圈，垫料根据污染程度 1 个月左右更换一次。不适用垫料的育肥场设专门清粪员，保证每天清粪 2 次，保持牛舍清洁、通风、干燥。每周对料槽、水槽、圈舍等消毒一次。冬天注意保暖和换气，夏天要防止中暑。

六、肉牛育肥饲养管理

目前规模化肉牛场的育肥模式主要分为普通育肥和高档育肥。普通育肥就是所谓的架子牛育肥。高档育肥是指能稳定和连续成批次、成规模、分等级供应市场的安全活牛或牛肉，肉质特性分为高档红肉和大理石纹牛肉两类。高档红肉与普通育肥牛肉、大理石纹牛肉的区别是肌肉中的粗脂肪含量介于二者之间，但不超过 16%，风味、多汁性和嫩度接近大理石纹牛肉。大理石纹牛肉由肌肉和脂肪红白相间呈现纹理，肌肉中的粗脂肪含量在 16%以上，风味浓香、质地细嫩，粗脂肪含量超过 28%时习惯上成为“雪花牛肉”。

普通育肥一般选择西门塔尔牛、利木赞牛和夏洛来牛等块大型牛种，高档育肥一般畜种大地黄牛、安格斯等体成熟早的牛种或其杂交后代。肉牛各组织的生长有一定规律，根据不同的育肥目的应参照生长规律采取相应的育肥技术模式。

（一）普通育肥饲养管理

普通育肥是选用1岁左右骨架基本已成的架子牛进行10个月以内的育肥。育肥目的是在肌肉生长基本停止的22月龄前最大限度活动日增重，因此不去势。精粗比按干物质计算为1：（1.2~1.5），干物质的日采食量为体重的2.5%~3%。日喂2~3次，先粗后精或精粗混合（TMR）再喂，应形成规律。育肥分三个期，各期占整个育肥期的1/3。最初15天为适应期，多给水和草，少给精补料，日增重一般为1.0~1.5千克；中期为增肉期，精料饲喂量占体重的1%，日增重一般为1.3~1.8千克；后期为催肥期，且多吃少动。

选购架子牛应避开疫病流行期，购牛前要逐头检疫，防止病随牛走，对有传染病和寄生虫病的架子牛不得购入。远距离购牛要注意预防运输应激综合征。预防方法：运输前2天，口服或肌内注射维生素A 25万~100万单位。牛装入运输工具后出发前给每头牛注射抗应激药物。到达目的地3~4小时后饮水，但不可过饱，同时向水中人工补盐。12小时后可自由饮水。如果晚上牛到，第二天给人工盐水，饮水量控制在2~4升或饲喂青绿多汁饲料、青干草。购入牛隔离观察10~15天，期间喂优质禾本科干草或秸秆，少喂豆科牧草和精补料。6天后恢复日粮供给。观察有无病牛，小病治疗，大病宰杀。期间注射口蹄疫、布鲁氏菌病、魏氏梭菌病疫苗。无传染病的牛可入栏，入栏后立即用丙硫苯咪唑、敌百虫、左旋咪唑等驱虫。驱虫应在空腹时进行。其粪便消毒后，进行无害化处理。驱虫3日后用大黄苏打健胃。

根据圈舍条件，可采用拴系或散栏育肥。坚持每天刷拭牛体1~2次，每月称重1次，及时检查饲喂效果。

（二）高档育肥饲养管理

高档育肥不但追求日增重，更追求肉质，为此必须进行公牛去势。以高档红牛为生产目的的公牛去势时期一般在10~12月龄，以生产大理石纹牛肉为目的的公牛去势一般在4~6月龄进行。在各种去势法中，开放式去势法应激和出血少、术后恢复最快、去势效果最好。去势时因术者一般裸手操作，因此，手术前需要对术者的双手、手术刀、牛的阴囊进行清洗及75%乙醇、5%碘酊消毒，摘除睾丸后应对阴囊腔内进行碘酊及抗病菌药物处理。去势后注意观察，一般2~3天阴囊略有肿胀，10天左右创口愈合。

1. 高档红肉生产育肥 高档红肉的生产育肥可分为14月龄之前和15~18月龄两期。前期日粮粗蛋白质为14%~16%，可消化能13~13.6兆焦/千克，精料干物质饲喂量占体重的1.0%~1.3%，粗饲料种类不受限制，以当地粗饲料为主，在保证限定的精饲料采食量条件下，最大限度供给粗饲料。后期日粮粗蛋白质为11%~13%，可消化能13~14兆焦/千克，精料干物质饲喂量占体重的1.3%~1.5%，粗饲料以当地粗饲料为主，最好自由采食。为了保证肉品风味，后期出栏前2个月内的精饲料中玉米应在40%以上、大豆粕或炒制大豆应占5%以上，棉粕不超过3%，不适用菜籽饼。

该育肥模式的运输与驱虫方法与普通育肥牛的相同。日常饲养中应尽量做到自由饮水。根据圈舍条件，可采用拴系或散栏育肥。拴系育肥时缰绳长度应在1.2米以上，保证最低的活动空间。散栏育肥时可在前期大群饲养，每头牛有10平方米以上的活动空间，后期改为小栏，每栏5~8头，每头面积6~7平方米。每月可称重1次，及时检查饲喂效果。

2. 大理石纹牛肉的生产育肥　大理石纹牛肉的生产育肥可分为前期、中期和后期。前期是保证骨骼和瘤胃发育，为7~13月龄；中期是促肌肉生长和脂肪发育，为14~22月龄；后期是促脂肪沉积，为23~18月龄。前期日粮粗蛋白质含量12%~14%，可消化能含量12~13兆焦/千克，钙含量0.5%、磷含量0.25%，维生素A含量2 000国际单位/千克，精料采食量占体重的1.0%~1.2%，自由采食优质粗饲料，粗饲料长度不低于5厘米。中期日粮粗蛋白质含量14%~16%，可消化能含量13~14兆焦/千克，钙含量0.4%、磷含量0.25%，精料采食量占体重的1.2%~1.4%，粗饲料宜以黄中略带绿色的干秸秆为主，粗饲料日采食量在2~3千克/头，长度3~5厘米。后期日粮粗蛋白质含量11%~13%，可消化能含量13~14兆焦/千克，钙含量0.3%、磷含量0.27%，精料采食量占体重的1.3%~1.5%，粗饲料以黄色干秸秆为主，粗饲料日采食量在1.5~2千克/头，长度3~5厘米。为了保证肉品风味、脂肪颜色和肉色，后期的精料原料中应含25%以上的麦类、8%以上的大豆粕或炒制大豆，饼粕不超过3%，不使用菜籽饼。

运输和驱虫方法与普通育肥牛的相同。日常饲养中应尽量做到自由饮水，精饲料中的玉米不应粉碎太细，如有条件可使用蒸汽压片玉米或麦类。如果用粉碎玉米，应掌握粉碎后的粒度不小于“大米粒”大小。为防止发生肢蹄病，牛床应采用松软、干燥有弹性的垫料，可根据当地条件铺设厚度10厘米以上的干沙土、粉碎的秸秆或锯末等垫料。

育肥的三个时期均自由饮水，采用小围栏育肥。每头牛有6~8平方米的活动空间。做好饲料饲喂量和采食量记录，从牛群中固定5%左右的育肥牛每月称重1次，及时检查饲喂效果。围栏突出粉红色的肌肉和乳白色的脂肪，从育肥中期开始，不但饲喂黄色粗饲料，饲料中还应降低矿物质铁的添加量，甚至不添加铁。避免阳光直接照射是使肉色由棕红色变成桃红色的一个辅助手段，只要不直接照射就能达到目的；为降低建筑成本，可根据当地气象条件，在牛舍建筑上灵活考虑是否建墙壁。

第十一章　规模化肉牛场疾病防控技术

一、牛布鲁氏菌病

布鲁氏菌病是由布鲁氏菌引起的一种人畜共患的传染病，以母牛流产为特征，对养牛业危害很大。无论公牛、母牛对这种病原体都容易感染。患这种病的牛是牛布鲁氏菌病的主要传染源。患病的牛流产时，大量的病原体随着阴道分泌物排出体外，对周围还未感染的牛构成非常大的威胁。容易感染的牛可能主要是吃了被布鲁杆菌污染的饲料、垫草或者用舌头舔了污染器物。

（一）病原

病原是一类革兰氏阴性短小杆菌。

（二）症状

病原菌侵入牛的身体后，潜伏期通常为 2 周至 6 个月。喜欢在骨髓、关节、淋巴结、子宫、胎盘等部位进行繁殖，从而引起一系列病理变化及症状。母牛最主要的临床症状是流产，也可能出现低热，但常被忽视。妊娠母牛在任何时期都可能发生流产，但流产多发生于妊娠期后的 5~8 个月，流过产的母牛，结果再次发生流产，其流产时间会推迟。流产前可表现出临产时的症状，如阴唇、乳房肿大等；但在阴道黏膜上可以见到粟粒大的红色结节；流产胎儿可能是死胎或弱犊；流产之后常发生胎衣滞留，不断从阴道排出污灰色或棕褐色的分泌物。乳腺受侵害时，轻的产奶量减少，重的乳汁发生明显的变化，呈絮状或黄色水样；乳房皮温增高、疼痛、坚硬。公牛患本病后，主要发生睾丸炎和阴睾炎。初期睾丸肿胀、疼痛，中度发热和食欲减退。3 周以后，病痛逐渐减轻；表现为睾丸和阴睾肿大，触之坚硬。

（三）诊断

本病在临床上不易诊断，但是根据母牛流产和表现出的相应临床变化，应该怀疑有本病的存在。本病必须通过实验室检查。

本病诊断中应用较广的是试管凝集试验和平板凝集试验，尤其是后者，由于其方法简便、需要设备少、敏感较强、易于操作，常被基层饲养场兽医室广泛采用，但是凝集试验并不能检出所有患病牛只，而且可能出现非特异性凝集反应，影响结果的判定。补体结合反应具有高度的特异性，但操作较为复杂。所以，本病的诊断程序应按如下进行：根据临床变化，疑似本病存在时，应立即采血，分离血清，进行血清凝集试验。阳性病牛血清和疑似病牛血清，迅速送至检疫部门做补体结合反应，进行最后确诊。

（四）防治

（1）加强饲养管理，合理供应饲料，注意矿物质和维生素的供给，搞好牛舍、运动场卫生，提供良好生活环境，提高抵抗力。

（2）每年定期进行2次布鲁氏菌病血液凝集反应，对阳性牛进行隔离。

（3）对临床流产牛查找原因，取流产胎儿真胃内容物做细菌分离鉴定。阴性牛只留群饲养，阳性牛只进行扑杀。

（4）坚持常年防疫消毒，加强产房卫生，严格执行兽医、配种的消毒措施，减少感染机会。

（5）预防接种疫苗，注射前应进行血检，阴性牛只可接种疫苗。

（6）新引进的牛只要隔离饲养2个月，并检疫2次，阴性牛只合群饲养，阳性牛只扑杀。

（7）场内患本病牛只不允许治疗。

二、口蹄疫

口蹄疫是偶蹄家畜的一种烈性传染疾病。特征为口腔内、蹄趾间和蹄冠周围的皮肤上及乳头上出现水疱。其他症状为发热、反刍减少和食欲减退。人对本病轻度易感。口蹄疫一次发病并不能使家畜终身免疫，疾病还有复发的趋向。因为存在多种口蹄疫病毒毒株。

（一）病原

本病的病原是一种最小的滤过性病毒。至少有6种病毒毒株，彼此之间不能互相免疫（根据病毒的血清学特性，目前已知全世界有7个主型，每一主型又分若干亚型，发现的亚型有65个）。可通过感染的生物制品，如牛痘疫苗、猪瘟病毒、血清及由环节方头蜱予以传播。

（二）症状

本病特征是在潜伏期3~6天后生成水疱和体温中度升高，这些水疱可在舌、唇、颚、颊等处黏膜上、蹄冠周围的皮肤及乳头上见到。尤其是口腔中的水疱，刺激大量的唾液分泌，一串串像细绳般从唇间流下来。并发的或继发的症状为四蹄的感染、乳房水肿、流产和体重降低。成年牛的死亡率通常不高。

（三）防治

（1）平时要积极预防、加强检疫，常发地区要定期注射口蹄疫疫苗。常用的疫苗有口蹄疫弱毒疫苗、口蹄疫亚单位苗和基因工程苗，牛在注射疫苗后

14 天产生免疫力，免疫力可维持 4~6 个月。

（2）严格执行卫生防疫制度，保持牛床、牛舍的清洁、卫生；粪便及时清除；定期用 2%氢氧化钠溶液对全场及用具进行消毒。

（3）加强检疫制度，保证牛群健康。不从病区引购牛只，不把病牛引进入场。为防止疫病传播，严禁羊、猪、猫、犬混养。

（4）定期接种口蹄疫疫苗。

（5）发现可疑疫情时及时向当地政府和主管部门报告。

三、结核病

结核病是人和动物发生的慢性传染病。全世界都有发生。本病的特点是形成可以钙化或转变为脓肿的结节（结核）。疾病进展很慢，主要感染淋巴结。结核杆菌有三个类型，即人型、牛型和禽型结核杆菌。实际上，各种动物可以感染其中一种或一种以上的结核杆菌。

（一）病原

病原是结核分枝杆菌的耐酸杆状细菌。经常因吃进或饮用了病牛排泄物污染的饲料和水而引起。

（二）症状

结核病有一种或一种以上的表现形式：牛可得皮肤结核病（狼疮）、淋巴结结核病、骨及关节结核病和肺结核病。动物大部分结核病是肺和淋巴结结核病，奶牛的慢性病例中乳房可能受到感染。患病动物常常不显疾病的体外症状。但是较年老的病牛可能呈现渐行性消瘦和关节肿胀。如乳房感染，症状为乳房上淋巴结的增大和肿胀。其他的感染部位为生殖器官、中枢神经系统和消化系统。

（三）防治

（1）加强饲养管理，合理供应饲料，注意矿物质和维生素饲料供应，提高牛只的抵抗能力。

（2）新购入牛只必须隔离饲养观察 3 个月，经用结核菌素检疫确认阴性方可合群饲养，阳性牛只必须予以扑杀，并进行无害化处理。

（3）牛场进行春秋 2 次检疫，可疑牛只进行复检。凡 2 次可疑者判为阳性。

（4）春秋 2 次消毒牛场，用石灰粉消毒牛舍、运动场及场区，用 2%氢氧化钠（火碱）或 20%漂白粉刷拭牛槽及用具。粪便集中堆放。

四、牛流行热

牛流行热是由病毒引起的急性热性传染病。主要特征为高热、流泪、流涎、鼻漏，呼吸加快，后躯活动不灵活。因本病常呈良性经过，经 2~3 天多可恢复正常，故又称三日热或暂时热。

（一）病原

病原为牛流行热病毒。病毒主要存在于病牛血液中。

本病的发生有明显的季节性，主要在蚊蝇滋生比较多的季节流行，北方于8~10月，南方可提前发生。本病的传染源为病牛，自然条件下传播媒介可能为吸血昆虫。潜伏期3~7天。

本病的特点是大群发生，传播快速，有明显的季节性，发病率高，病死率低。

（二）症状

发病前期可见恶寒战栗，因病牛只有轻度失调，不易发现。突然高热达40 ℃以上，高热可维持2~3天，病牛精神委顿，皮温不整，鼻镜干而热，反刍停止。病牛不爱活动，常站立不动。行走时，步态不稳，后肢抬不起来，常拖地而行。有的关节肿胀疼痛，跛行。重病牛则卧地不起，呼吸促迫，呼吸次数每分钟可达80次以上。病畜发出苦闷的呻吟声。眼结膜充血浮肿、流泪、畏光。大多数病牛鼻腔于高热期，可见有透明黏稠分泌物流出，呈线状，同时亦常有流涎现象，口边沾有泡沫，口角流出线形黏液。发热期便秘，尿量减少，排出暗褐色混浊尿液。妊娠母牛患病时，可发生流产、死胎。但本病多为良性经过，病死率一般不超过1%。部分病例可因长期瘫痪而被淘汰。

（三）防治

加强卫生管理对本病的预防具有重要作用。管理不善时，发病率高，并容易出现重症牛，死亡率也高。同时应注意早发现，早隔离，早治疗；消灭蚊蝇以减少疾病传染。

在本病流行之前接种牛流行热疫苗，每百千克体重0.5毫升，一次皮下注射，20天后重复注射1次，或用金刚烷胺片每头牛0.9克，一日服2次，连服3天，可达到预防本病的目的。

病初可根据具体情况酌情用退热药及强心药氨基比林20~50毫升或安乃近10~20毫升，安钠咖2~5克，分别一次肌内注射。对停食时间长的病牛，可适当补充生理盐水2 000~30 000毫升及5%葡萄糖溶液1 000毫升一次静脉注射。亦可用10%磺胺嘧啶钠300毫升和5%葡萄糖1 000毫升一次静脉注射，防止继发感染。

五、牛出血性败血症

（一）病原

病原为多杀性巴氏杆菌，为球杆状或短杆状菌，两端钝圆，常单在，有时成双排列，革兰氏染色阴性。新分离的强毒菌株有荚膜。

（二）症状

牛巴氏杆菌病潜伏期为2~5天，短的数小时，长的可达10天。症状可分为败血型、浮肿型和肺炎型三种。

1. 败血症 病初发病高热可达41~42℃，继之出现全身症状，精神沉郁，低头拱背，不注意周围事物，被毛粗乱无光，脉搏加快，肌肉震颤，皮温不整，鼻镜干燥，结膜潮红，有时咳嗽或呻吟，食欲、反刍减退或停止。稍过数日，患牛表现腹痛、下痢，粪便初为粥状，后呈液状，其中混有黏液、黏膜碎片及血液，具有恶臭。有时病牛鼻孔出血或尿中带血。拉稀开始后，体温随之下降，继之迅速死亡。病程短。

2. 浮肿型 除呈现全身症状外，主要在颈部、咽喉部及胸前的皮下结缔组织，出现炎性水肿，并迅速扩展。炎症局部初热，后变凉，疼痛减轻，同时伴发热及周围组织的高度肿胀，舌伸出齿外呈暗红色。患畜呼吸高度困难，流泪，流涎，磨牙，并出现急性结膜炎。皮肤和黏膜发绀。有的牛伴有下痢或一条腿发生肿胀，往往窒息而死。病程稍长。

3. 肺炎型 主要呈纤维素性胸膜肺炎症状。病牛呼吸困难，干咳，流泡沫样鼻汁，后呈脓性。病牛腹泻与便秘交替发生，下痢初始粪便呈乳糜粥状，后变为液状，有恶臭，并混有血液。病程一般3~7天。

浮肿型及肺炎型多在败血型的基础上发展起来。本病的病死率可达80%以上，个别地区可达90%。

（三）防治

本病的预防主要在于平时加强饲养管理，定期消毒畜舍，也可定期接种菌苗进行预防。

发生本病时，应立即隔离治疗，必要时，用高免血清或菌苗进行紧急预防注射；10%石灰乳等进行彻底消毒。粪便应堆积发酵后再作粪肥用。

病初可用抗出败多价血清治疗，大牛60~100毫升，皮下或静脉注射，必要时在12~24小时后重复注射一次。也可用青霉素、链霉素、磺胺类药治疗，青霉素8 000~10 000国际单位/千克肌内注射，连用3天；链霉素15~20毫克/千克肌内注射，连用3天；20%磺胺嘧啶钠50~100毫升静脉注射，连用3天；青霉素、链霉素肌内注射的同时结合磺胺类药静脉注射，疗效更佳。此外，应注意强心、补液等对症疗法，并加强病牛的护理，以提高疗效。

严重病例可选用抗生素，如青霉素、链霉素、土霉素等。并结合必要的对症疗法，高热用安乃近10~20毫升或氨基比林20~50毫升一次肌内注射。强心用安钠咖2~5克一次肌内注射。脱水用氯化钠2 000~3 000毫升一次静脉注射。磺胺二甲基嘧啶内服每千克体重0.14~0.2克；静脉注射或肌内注射每千克体重0.07克，每日2次。

六、牛猝死症

牛“猝死症”也称牛魏氏梭菌病牛，其发病原因很多，但一般指牛魏氏梭菌病，又称牛产气荚膜杆菌病，是一种以黄牛突然发病死亡，全身实质器官及消化道出血为特征的细菌性疾病。大小牛均可发病，但以犊牛和孕牛发病率及死亡率高。发病季节多集中在秋末春初。

（一）病原

病原魏氏梭菌，为两端稍钝圆的大杆菌，可形成芽孢，呈卵圆形。幼龄培养，革兰氏染色阳性。魏氏梭菌有 A、B、C、D、E 五型，以 A 型引起牛发病为最多。

（二）症状

根据临床症状，牛魏氏梭菌病初步可分为急性型和亚急性型两种。

1. 急性型（猝死症）　临床上往往不见任何前驱症状，而突然发病死亡，病程短者则几分钟，长者则 1~2 小时，最长的也只有 10 小时。有的病牛前一天采食饮水均很正常，第二天却发现死在厩舍中。病牛死前体温下降，呼吸急促，口腔黏膜发绀，腹胀，口鼻流出大量带有泡沫的红色水样物，全身肌肉震颤，随后倒地，四肢划动，狂叫几声，昏迷而死。死后 0.5~1 小时，腹部高度膨大，肛门外翻，舌脱出口腔。

2. 亚急性型　主要表现为食欲减退或废绝，饮水量增加，背毛竖立，瘤胃轻度臌气，体温正常，口腔黏膜发绀，随后出现全身肌肉震颤，有的病牛头颈向一侧弯曲，躯干及四肢强直，运动不灵活，口鼻流出泡沫样红色液体，有的可连续数天，有的可在 3~10 分钟突然倒地，怪叫 2~3 声，四肢划动，头背向脊背，双目圆瞪，舌伸出口外，口流粪水，呈非常痛苦状而死亡。

3. 治愈病例　全身被毛粗乱，采食量减少，消瘦，皮肤干燥，大量皮屑和被毛脱落，一般 6 个月后才能逐渐恢复。

（三）防治

预防本病可接种牛魏氏梭菌灭活苗，每头牛皮下注射 5 毫升。防治药物有盐酸、林可霉素，每千克体重 10~20 毫克，每日 3 次内服；肌内注射每千克 20 毫克，静脉注射每千克 10~20 毫克为一日量。青霉素钠每千克体重 2.4~4.8 毫克，肌内注射，每 8~12 小时注射 1 次。硫酸庆大霉素每千克体重 1~1.5 毫克，一日 2 次，肌内注射。痢特灵每千克体重 10~12 毫克，一日 2 次，连用 5~7 天。复方磺胺嘧啶钠注射液，每千克体重 0.015~0.02 克，肌内注射，一日 2 次。

有条件时，可采用抗牛魏氏梭菌高免血清或康复牛血清注射，同时采用抗生素，并配合止血、强心、大剂量补液，排除毒素的综合性治疗方法。

七、犊牛白痢

本病是一种使幼年犊牛和初生犊牛迅速致死的急性传染病。大多数患病犊牛还不到2日龄。秋、冬和早春最常暴发。不要将本病与人的白喉相混淆，它们之间没有关系。与所有其他疾病比较起来，腹泻是犊牛死亡更多的原因。据估计，有10%的犊牛感染本病，8%的肉用犊牛和18%的乳用犊牛因患本病死亡。

（一）病原

不到2周龄犊牛的传染性腹泻，已由实验室证明是由病毒和细菌两者引起的。病毒感染改变了肠壁的结构，因而犊牛对牛奶不能消化吸收。这种发生改变的肠管容许细菌在其内过渡生长。

（二）症状

犊牛腹泻可由轻症状到重症不等。在轻症中，主要症状为粪便较正常粪便稀软；重症状犊牛一开始呈现抑郁和食欲减退，然后严重腹泻，粪便黄色，恶臭，清水样或泡沫状。病犊被毛粗直，眼凹陷，表情憔悴；最急性病例常未见腹泻即死去，但发生死亡多在腹泻开始后的2~3天。舍养的乳用犊牛比草场上的肉用犊牛较多地发生不同程度的腹泻。

本病有时很难与其他因素如饲喂过饱、饲喂不定时，太快地改变饲料或暴露在有贼风和寒冷的地板上等所引起的腹泻区别开来。但是，传染性的腹泻经常是大量的犊牛患病，有些犊牛很快死亡。

（三）防治

1. 预防　搞好预防是防止犊牛患病的有效措施。生产中，一是要加强对妊娠母牛和犊牛的饲养管理，注意保持牛舍的清洁卫生。母牛临产时应洗去乳房污物，再用淡盐水洗净，擦干。二是坚持对牛舍、牛栏、运动场等周围环境用2%来苏儿或5%福尔马林彻底消毒，尽量降低环境中病原微生物的数量。三是防止犊牛受潮、热、寒等因素的刺激，严禁犊牛乱饮脏水，以减少病原菌的入侵机会。四是犊牛出生后应尽早吃上初乳，提高犊牛抗病能力。五是犊牛一旦患病，应立即隔离治疗。

2. 治疗　原则是抗菌消炎，制止发酵，清理胃肠，保护胃肠黏膜，强心补液，防止脱水和自体中毒。具体方法是：

（1）胺胍4~8克，碳酸氢钠3~5克；或萨罗2~8克、药用炭20克、碱式硝酸铋6克，加水适量，一次灌服。肠道消炎可选氯霉素1克或土霉素1克，口服，每天2次。也可用庆大霉素40万单位，肌内注射，每天2次。

（2）脱水严重时，可用复方生理盐水或5%葡萄糖溶液200~300毫升，10%樟脑磺酸钠4毫升、维生素C 100毫克，混合后静脉注射，每天1~2次。

（3）犊牛患病后，可肌内注射土霉素、链霉素或新霉素，用量一般按体重 10~30 毫克/千克，每日 2 次，连用 3 天；还可以静脉注射 5% 葡萄糖盐水 500~1 000 毫升，并加入碳酸氢钠或乳酸钠，同时给母牛静脉注射 200 毫升，效果更好。

八、牛呼吸病综合征

牛呼吸病综合征最常发生于犊牛，全世界都有，特别是在严酷气候期，在用汽车或火车装运的瘦弱且营养不良的幼牛也易发生，但本病也见于处于良好健康状况的牛。

（一）病因

本病系由于病毒和细菌相互作用的复合感染，而着重强调的是引起牛的生理紧张和精神压力的外界环境条件。气候和饲料的改变，过于拥挤、拼命驱赶、缺乏休息等因素都能促使牛发病。

（二）症状

最初症状是出现倦容和食欲减退，这可能是在运输后的 2~21 天。病牛还会呈现精神压抑，流清水样至黏液样鼻涕，体温升高，间有湿咳或干咳，呼吸急促及食欲丧失等症状；接着体重减轻，产奶量下降。在最急性病例中，病牛不呈现任何症状即死去。未经治疗的牛死亡率高。犊牛比大些的牛易感，但任何年龄的牛均可患病。

（三）防治

对已经遭受了长途运输、粗放饲养管理或暴露于严酷气候条件之下的犊牛，建议用如下饲养管理办法：饲以长草和犊牛日粮，随时都让其容易得到清洁新鲜的饮用水。到达的 28 天内，犊牛日粮中每天每头犊牛加以 350 毫克金霉素和 350 毫克磺胺二甲基嘧啶。新到的犊牛还应每日每头接受 5 万国际单位的维生素 A，并让其随意得到适合的混合矿物质饲料。

发病初期以抗生素和磺胺类药治疗有效，但在病情发展之后治疗常不满意。

九、犊牛新蛔虫病

犊牛新蛔虫虫体粗大，淡黄色。雌虫在小肠产卵，卵随粪便排出体外。牛吞食感染性虫卵后，幼虫在小肠内逸出，经过一系列过程，进入怀孕母牛子宫内，并被胎牛吞入肠中或经过肺、肝，移行至肠内发育，小牛出生后，幼虫在小肠内蜕化长大，经 25~32 天变为成虫，成虫在小肠中可生活 2~5 个月，并不断排出体外。

（一）症状

犊牛受害最严重的时期是在出生 2 周后，其症状表现为消化不良、食欲减退，肠炎，腹泻，血便，具有特殊的臭味。腹部臌气，有疝痛症状。病牛虚弱消瘦，精神不振或不安。臀部肌肉弛缓，后肢无力，站立不稳。体温不整。若肠道寄生多量虫体时，可造成肠阻塞或肠穿孔，并引起死亡。若幼虫侵入肠壁到肝脏，除引起消化功能紊乱外，还破坏肝组织。若移行到肺脏时，则破坏肺组织，引起肺出血和肺炎。临床上出现咳嗽、呼吸困难、口腔有特殊臭味，有的眼睑发炎。

（二）诊断

本病可依据临床症状及流行学特点做出初步诊断。临诊症状主要表现为腹泻，有时混有血液，有特殊恶臭，身体软弱无力、被毛粗乱等。本病主要发生于5个月以内的犊牛。确诊须进行粪便检查，检出虫卵或虫体。

（三）防治

1. 预防 犊牛出生后15~30天进行第一次预防性驱虫，再过1个月进行第二次预防性驱虫。注意牛舍和拴牛场的清洁，垫草和粪便要勤清扫，并发酵处理，以杀死犊牛粪便中的虫卵。避免犊牛粪便污染母牛的饲草、饲料及饮水，防止母牛食入虫卵，造成胎牛感染。

2. 治疗 丙硫苯咪唑按10~20毫克/千克体重，一次内服，有时也用左旋咪唑按8毫克/千克体重，一次内服。隔一个月再用药一次。对症状严重者，用维生素B_6注射液500~1 000毫克、安胆注射液（有效成分为安钠咖和动物胆汁）10~20毫升、硫酸庆大霉素注射液300~600毫克、地塞米松注射液4~12毫克、5%碳酸氢钠注射液100~250毫升、5%葡萄糖氯化钠注射液300~500毫升，1次静脉注射。

十、新生犊牛窒息

（一）病因

新生犊牛窒息常因呼吸障碍和吸入羊水而发病。

（二）症状

轻度窒息时，犊牛软弱无力，呼吸微弱而急促，间隔时间长。可视黏膜发绀，舌脱出口角外，口、鼻内充满羊水和黏液。脉弱，肺部听诊有湿啰音。

严重窒息，犊牛呈假死状态，呼吸停止，仅有微弱心跳，摸不到脉搏。全身松软，卧地不起，反射消失。

（三）防治

（1）应正确助产，以防本病的发生。

（2）当犊牛发生窒息时，可进行人工呼吸，将犊牛腹部向上平放地面，头部放低，由一人紧握两前肢，前后来回拉动，交替扩展和压迫胸腔，同时，另一人将口腔、鼻孔中的黏液擦净，耐心、持续地进行人工呼吸，直至出现正常呼吸。也可将犊牛倒提起来，拍打背部和甩动，以排出羊水刺激呼吸。

（3）做人工呼吸的同时，可使用刺激呼吸中枢的药物如山梗菜碱 5~10 毫克、25%尼可刹米油溶液 1.5 毫升等，皮下注射效果较好。

十一、犊牛脐炎

犊牛脐炎是指脐带血管和脐带口周围组织发生的一种由细菌引发的炎症。

（一）病因

犊牛脐痰常由于助产时脐带消毒不严或犊牛互相舔吸而感染发病。

（二）症状

患病犊牛常见食欲减低，精神沉郁，体温升高（40 ℃左右），拱腰，不愿走动，在脐部周围红、肿，触摸时强力避让，温度、湿度明显高于其他部位。重症时，脐部周围肿大如拳头大小甚至更大，界线清楚，脐带残段呈污红色，有恶臭味，常常附有脓性渗出液。

（三）防治

在母牛产前，要搞好产房卫生和消毒工作；产后断脐时，用5%的碘酊涂布严格消毒，防止犊牛互相吸吮脐带。

如发生炎症时，初期可在脐孔周围皮下分点注射普鲁卡因青霉素溶液，脐孔周围剪毛并涂布碘酊等消毒液或用消毒溶液温敷，每日 3 次，连用 3 日，同时肌内注射抗菌消炎药物 1 日 2 次，连用 3 日。如形成脓肿，需要开创排脓，排脓后先用过氧化氢水溶液冲洗干净，再用生理盐水清洗，接连处理 2~3 天，同时注意防止全身感染，注射抗生素，直至伤口愈合。

十二、犊牛下痢

（一）病因

犊牛出生后，由于哺乳不卫生，舔食污物，受冷等而感染大肠杆菌或沙门杆菌、巴氏杆菌等，可引起伴有败血症状的肠炎及下痢。

（二）症状

病初犊牛发生腹泻，体温升高到 40 ℃以上，脉搏衰弱，食欲减退。排出粪便中，发现有未经消化的饲料及凝乳块或血凝块，粪便恶臭。

（三）防治

1. 预防　注意饮食卫生，让犊牛及时吃到初乳。或初乳 20~30 毫升，犊牛颈部和腹部皮下注射，预防犊牛腹泻有效率达 75%。用发酵初乳喂犊牛效果也很好。

2. 治疗　对发病的犊牛要立即隔离进行治疗，加强护理。治疗原则：治胃整肠、促进消化、消炎解毒，防止脱水。

（1）对下痢脱水牛，葡萄糖生理盐水1 000 毫升，25%葡萄糖液250 毫升，四环素 75 万单位，1 次静脉注射。

（2）对中毒性消化不良牛，5%碳酸氢钠液 100 毫升，25%葡萄糖液 200 毫升，生理盐水 600 毫升，1 次静脉注射，每日 1~2 次，连续 2~3 天。

（3）对伴有肺炎牛，氨苄西林 80 万单位，安痛定注射液 10 毫升，1 次肌内注射，每日 2 次；同时磺胺脒、碳酸氢钠各 5 克，灌服。

（4）对下痢带血牛，氯霉素注射液 10 毫升，肌内注射，每日 2 次；同时，磺胺脒和碳酸氢钠各 4 克灌服。维生素 K 34 毫升，肌内注射，每日 2 次。犊牛下痢时，要减少或停止喂饲牛奶，应经口内服电解质液。

十三、犊牛支气管肺炎

支气管肺炎多发生于春季生产的犊牛，初生犊牛常为急性型，1~3 月龄牛多为亚急性型。

（一）病因

常因畜舍通风不良、寒冷，或场地潮湿而发病，同时也与犊牛体质、母乳质量有关。

（二）症状

病牛咳嗽喘气，呼吸困难，体温升高，精神不振，听诊肺部有啰音。初生犊牛常并发败血症、肺气肿等病。

（三）防治

支气管肺炎用青霉素每千克体重 2~7 毫克和链霉素每千克体重 10 毫克，肌内注射，每日 2 次，效果较好，也可用卡那霉素每千克体重 15 毫克或新霉素每千克体重 4 毫克，肌内注射，每天 2 次，连用 7 天。

十四、尿素中毒

（一）病因

牛因食入过量尿素，或饲喂尿素时，喂量不适当，饲料搅拌不匀，给予含尿素的饮水，均可引起尿素中毒。

（二）症状

病初反刍停止、呻吟、流涎、出汗、呼吸短促，表现为反复发作的肌肉痉挛和步态踉跄。中毒后期病牛则瞳孔散大、肛门松弛。

（三）诊断

病牛有过量食入尿素或长期不适当使用尿素的病史，结合临床症状即可做出诊断。

（四）防治

发现中毒后，应立即停喂尿素或尿素类制品，灌服大量的食醋或稀酸，以制止尿素分解，并中和尿素分解生成的氨。成牛灌服1%醋酸溶液1 000毫升、食糖0.25~0.5千克和水1 000毫升，可获满意疗效。也可用硫代硫酸钠溶液作为对症治疗，以提高疗效。

十五、黄曲霉菌毒素中毒

黄曲霉菌毒素中毒是人畜共患并具有严重危害性的真菌毒素中毒性疾病。主要侵害肝脏，导致出现出血、消化功能障碍和神经症状，具有致癌作用。患牛多呈慢性经过。

（一）病因病原

本病病原为黄曲霉毒素。黄曲霉毒素目前已发现有20种之多，其中以黄曲霉毒素B_1、黄曲霉毒素B_2、黄曲霉毒素G_1和黄曲霉毒素G_2毒力最强，尤其是黄曲霉毒素B_1更强，黄曲霉毒素B_2的致癌有效剂量要比黄曲霉毒素B_1大100倍以上，所以，所称其毒素均指黄曲霉毒素B_1。黄曲霉毒素致癌的靶器官是肝脏，同时，对其他器官也可致癌，如肾癌、胃癌、直肠癌及乳腺、卵巢等。经气管滴入毒素可致气管鳞状细胞癌，皮下注射毒素可发生局部皮下肉瘤。据Butler估计，黄曲霉毒素致癌强度比二甲基偶氮苯大900倍，比二甲基亚硝胺大75倍，由此不难看出，黄曲霉毒素是已发现的最强的化学致癌物质。黄曲霉毒素是由黄曲霉和寄生曲霉等产生的真菌毒素。本病发生原因多半是牛采食或饲喂了被上述产毒真菌污染的玉米、花生及花生饼、豆类、麦类及其加工副产品，如酒糟、油粕、酱油渣等。在中毒病牛中，慢性的较为多见。

（二）症状

成年牛发生黄曲霉毒素中毒的较少，偶有发生的也多取慢性经过。犊牛发病后生长发育缓慢，营养不良，被毛粗刚、逆立多无光泽，鼻镜干裂。病初食欲减退，后期废绝，反刍停止。耳尖颤搐，磨牙，呻吟，有腹痛表现，无目的地徘徊、不安，角膜混浊，出现一侧或两侧眼睛失明。伴发中度间歇性腹泻，排泄混有血液凝块的黏液样软便，里急后重；严重的常导致脱肛，最终昏迷而死亡。成年牛的症状远较犊牛为轻。妊娠母牛间或发生早产或流产，个别病牛还出现神经症状，如惊恐、转圈运动等。6~8月龄牛只日粮中黄曲霉毒素B_1含量超过0.7毫克/千克时，则较快地出现生长发育迟缓，饲料报酬明显降低。

（三）防治

本病主要在于预防。预防关键又在于做好饲料的防霉和有毒饲料的去毒两个环节性工作。

当发生中毒时，就应立即停止饲喂霉败饲料，改饲碳水化合物多的青饲料和高蛋白饲料，并减少或不喂含脂肪过多的饲料。通常只要加强护理，对轻型病牛可较快恢复；对重型病牛，除及时投服盐类泻剂排毒外，还要应用一般解毒、保肝和止血药物，如应用25%~30%葡萄糖注射液，加维生素C制剂，或应用20%葡萄糖酸钙注射液500~1 000毫升，1次静脉注射。心脏衰弱病例，皮下注射或肌内注射强心剂（樟脑油、安钠咖等）。为了控制继发性感染，酌情应用青霉素、链霉素等抗生素，但切忌用磺胺类药物。

十六、流产

（一）病因

非传染性流产的原因主要有以下几点：

（1）胎儿及胎膜异常。包括胎儿畸形或发育不全，以及脐带水肿等。

（2）母牛的疾病。包括重剧的肝、肾、心、肺、胃肠和神经系统疾病，大失血或贫血，生殖器官疾病异常（子宫内膜炎、子宫发育不全、子宫颈炎、阴道炎、黄体发育不良）等。

（3）饲养管理不当。

（4）机械性损伤。如粗暴的直肠或阴道检查等。

（5）药物使用不当。使用大量的泻剂、利尿剂、麻醉剂和其他可引起子宫收缩的药品等。

习惯性流产多半是由于子宫内膜变性、硬结及瘢痕，子宫发育不全，近亲繁殖或卵巢机能障碍等所引起的。

（二）症状

流产发生突然，流产前一般没有特殊的症状，或有的在流产前几天出现精神倦怠、阵痛起卧、阴门流出羊水、努责等症状。

流产发生在怀孕初期，胎儿被吸收，不排出外体；如果发生在后期，因受损伤程度不同，胎儿多在受损伤后数小时至数天排出。

（三）防治

加强对怀孕母牛的饲养管理，注意本病的发生。如当流产发生时，应详细调查，分析病因和饲养管理情况，疑为传染病时，应采取羊水、胎膜及流产胎儿的胃内容物进行检查，将流产物深埋，消毒污染场地。对胎衣不下和其他产后疾病的，应及时治疗。

为防止习惯性流产，可在发生流产前的1个月开始注射黄体酮50~100毫克。

十七、子宫内膜炎

（一）病因

子宫炎由各种类型的细菌引起。接产时损伤分娩母牛子宫及母牛胎衣滞留是引起本病的主要原因。不卫生的配种也能引起子宫炎。

（二）症状

子宫炎经常在母畜分娩之后发生。其特点是从阴道排出浓稠的黄色或白色有恶臭的分泌物，最后变成棕色或血污色。同时还有发冷、发烧、呼吸加快、食欲丧失和奶量下降等症状。按压患牛右胁部有痛感，病牛多躺卧不愿起身。可于数日内死亡，或由急性转为慢性以致造成不育症。

（三）防治

1. 冲洗子宫疗法 对于患急性子宫内膜炎、脓毒血症子宫内膜炎、慢性化脓性子宫内膜炎的病牛，根据子宫体积大小，用0.1%～0.2%稀碘液或0.02%～0.05%高锰酸钾溶液500～1 000毫升冲洗子宫，边注入冲洗液边按摩后排出，保护子宫内膜，净化子宫内炎症产物，冲洗子宫后再进行送药。

2. 子宫内药物灌注疗法 对于急、慢性子宫内膜炎的病牛，用0.1%～0.5%碘甘油100～300毫升，水浴至38 ℃，行子宫灌注，每天1～3次；也可用土霉素1～3克或金霉素0.5～1.5克，利凡诺0.25克，溶于100～300毫升灭菌水，子宫灌注，隔1～2天1次，直至痊愈。

对于慢性、隐性子宫内膜炎牛。用青霉素160万～240万国际单位，链霉素100万单位，50毫升鱼肝油，子宫灌注1～2次。

3. 激素疗法 前列腺激素能溶解黄体，促进子宫分泌物排出体外，还可以提高牛的妊娠率，在临床上普遍采用。氯前列烯醇50微克一次肌内注射可取得良好效果。

4. 中药疗法 益母草60克、当归30克、川芎25克、白芍25克、熟地30克、丹皮25克、元胡25克、炙香附30克，研为细末，开水冲调，候温灌服，每日1剂，连用3天。

十八、瘤胃积食

瘤胃积食是瘤胃内滞积大量饲料，致使瘤胃异常充满，胃壁扩张，瘤胃运动功能紊乱的一种疾病。

（一）病因

原发性瘤胃积食滞。主要是过食草料造成。如饲喂精劣的饲料；饲料突然变更，如由适口性差的饲料改喂大量优质青饲料或多汁饲料；牛因饥饿而暴食精料，加上饮水不足，缺乏运动。

继发性瘤胃食滞。在前胃弛缓、瓣胃阻塞、创伤性的网胃炎，皱胃变位或阻塞等疾病过程中，常继发瘤胃食滞。

（二）症状

采食数小时后至12小时突然发病，病初表现食欲减退，反刍减少或停止，鼻镜干燥，口腔酸臭，拱背呻吟，回视腹部，后肢踢腹，粪便干黑、恶臭。拳压左肷部胀满、坚实，重压成坑，陷窝在1分钟内难以消失。积食重者，呼吸困难，卧地难起，双眼半闭，头颈贴地，呈昏睡状态。

（三）防治

患本病后应以尽快排除胃内容物，制止发酵，促进瘤胃运动功能，以防止脱水和酸中毒为原则。

1. 泻下疗法 用硫酸镁或硫酸钠500~800克加水1 000毫升，液状石蜡或植物油1 000~1 500毫升，给牛灌服加速排出瘤胃内农作物。

2. 洗胃疗法 用直径4~5厘米，长250~300厘米的胶管，经牛口腔导入牛瘤胃内，然后手来回抽动，以刺激瘤胃收缩，使瘤胃内容物经导管流出。若瘤胃内容物不能流出，可以导管另一侧连接漏斗，向瘤胃内注温水40~50毫升，待漏斗内的液体全部导入导管时，取下漏斗并放低牛头和导管，用肛吸法将瘤胃内容物吸出体外。

3. 输液疗法 病牛饮食废绝，脱水明显时，应静脉补液，同时补碱如25%的葡萄糖500~1 000毫升，复方氯化钠5%盐水2 000~3 000毫升，5%碳酸氢钠液500~1 000毫升等一次静脉注射。

预防在于改善饲养管理，合理配合饲料，定时定量，防止过食，适当运动，避免各种不良因素刺激。

十九、瘤胃臌气

瘤胃臌气也叫瘤胃臌胀，是反刍动物支配前胃神经的反应性降低，收缩力减弱，采食了大量容易发酵的饲料，在瘤胃内迅速发酵，产生大量的气体，引起瘤胃和网胃急剧膨胀。

（一）病因

本病常因饲喂大量幼嫩多汁的青草，一般认为豆科植物，如新鲜的苜蓿、草木樨、紫云英、豌豆藤等；食入雨后或霜露的饲草；腐败发酵的青贮饲料及霉败的干草等引起。也继发于食道阻塞、前胃弛缓、创伤性网胃炎及腹膜炎等疾病。

（二）症状

采食了易发酵的饲草饲料后不久，左肷部急剧膨胀，膨胀的高度可超过脊背。病牛表现为痛苦不安，回头顾腹，两后肢不时提举踢腹。食欲、反刍和嗳气完全停止，呼吸困难；严重者张口、伸舌呼吸，呼吸心跳加快，眼结膜充血，口色暗，行走摇摆，站立不稳，一旦倒地，臌气更加严重，若不紧急抢救，病牛可因呼吸困难、缺氧而窒息死亡。

（三）治疗

（1）排除牛瘤胃内气体两种方法。一是用胃导管插入瘤胃内，然后来回抽动导管，以诱导胃内气体排出；二是进行瘤胃穿刺术，即在左肷部膨胀部最高点，以碘酊消毒后用套管针迅速刺入，慢慢放气。

（2）制止瘤胃内容物继续发酵产气。对轻度膨胀的牛，可给其服用制酵剂，如内服鱼石脂 15~20 克或松节油 30 毫升。对泡沫性胃瘤胃膨气，可选川豆油、花生油、棉籽油 250 毫升给病牛灌服，具有很好的消泡作用；也可给牛服消泡剂，如聚合甲基硅油剂或消胀片 30~60 片。

（3）排除瘤胃发酵内容物。可给病牛灌服泻剂，如硫酸钠 400~500 克和蓖麻油 800~1 000 毫升。

第十二章 规模化肉牛场粪污处理及无害化处理技术

一、牛粪收集工艺

（一）人工清粪工艺

人工清粪是指工人用铁锨、笤帚等工具将粪便收集成堆或直接装入小粪车，运到舍外集粪点或粪便处理场。国内小规模肉牛养殖户采取人工清粪的相当普遍，由于人工清粪工具简单、操作方便，且粪尿分离彻底。

（二）机械清粪工艺

机械清粪是指采用刮粪板将粪便刮进粪沟或储粪池中，再运到粪污处理场或用铲车直接装车运出的清粪方式。刮粪板多用于肉牛舍内使用。舍外运动场的粪便清理常用机械清理，即用铲车、刮板车等机械收集粪便。机械清粪的特点是工作效率较高，设备投资大。

（三）水泡粪工艺

在牛床及牛通道区域设漏缝地板，让牛排出的粪尿直接漏进下面的储粪池，当有粪便不能漏下时，可采用刮粪板。在耕种时抽出直接施于农田，或进行深度处理。优点是：地面相对较干，比较卫生，节约劳动力；缺点是：需要较多的土地相配套，基建投资较大。在土地多、劳力少的一些欧洲国家较多。

（四）不同工艺的对比

不同粪污收集工艺的对比见表12-1。

表12-1　不同粪污收集工艺的对比

清粪工艺	耗电	耗工	维护费用	投资	粪污后处理难易度	主要对象
人工清粪	少	多	低	低	易	小牛，拴系舍饲牛
机械清粪	多	中	高	高	中	封闭式（大跨度）散养牛舍、运动场
水泡粪	中	少	低	高	难	封闭式散养牛舍

二、牛粪处理工艺

（一）常温好氧堆肥法生产有机肥

牛粪收集后，首先进行预处理，之后经过机械抛翻，好氧微生物在适宜的水分、酸碱度、碳氮比、空气、常温环境因素下，将牛粪中各种有机物分解产热生成一种无害的腐殖质肥料。主要流程为：加菌、混合、通气、抛翻、烘干、筛分、包装。常温好氧堆肥法生产有机肥技术路线如图 12-1 所示。特点是设备采用机械化操作，比自然堆肥生产效率高，占地较少。

发酵形式主要有条形堆腐处理、大棚发酵槽处理和密闭发酵塔堆腐处理。

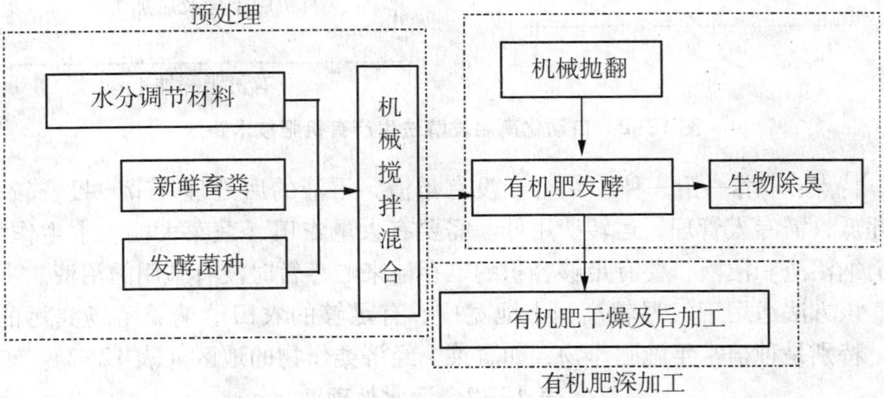

图 12-1　常温好氧堆肥法生产有机肥技术路线

（二）自动化高温发酵法生产有机肥

牛粪收集后，经过预处理，好氧微生物在适宜的水分、酸碱度、碳氮比、空气、高温环境因素下，将牛粪中各种有机物快速分解生成一种无害的腐殖质肥料。主要流程有混合、搅拌、控温、通气、烘干、筛分、包装。实现自动控制，使产品质量易于控制。特点是从原料混合到发酵采用一体化，节约空间；采用 90~95 ℃的高温处理，使病菌、寄生虫卵、草籽被彻底杀灭，避免了二次污染；主发酵时间短，生产效率高。自动化高温发酵法生产有机肥技术路线如图 12-2 所示。

三、污水处理工艺

（一）厌氧—农业综合利用

污水/尿液经过格栅（固液分离），分离出的污水进入厌氧池进行发酵。而残留的干粪和残渣生产成有机肥或直接出售。发酵后的沼液还田利用，沼渣可直接还田或制造有机肥。

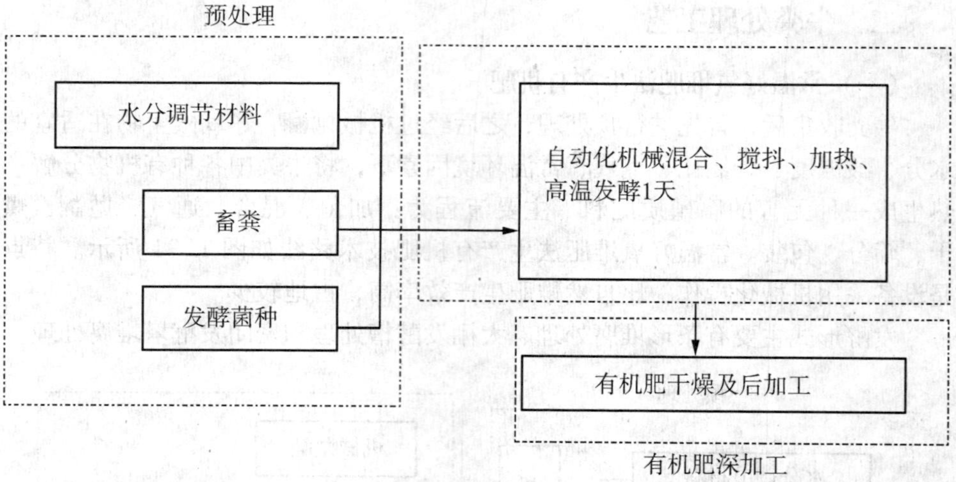

图 12-2 自动化高温发酵法生产有机肥技术路线

特点："养—沼—种"结合，没有沼渣、沼液的后处理环节，投资较少，能耗低，需专人管理，运转费用低。需要有大量农田（蔬菜大棚、水生作物）来消纳沼渣和沼液，要有足够容积的贮存池来贮存暂时没有施用的沼液。

该方法适用于气温较高、土地宽广、有足够的农田消纳养殖场粪污的区域，特别是种植常年施肥作物，如蔬菜、经济类作物的地区（表 12-2）。

表 12-2 污水处理

	规模（头）	厌氧池容积（米^3）	备注
肉牛场	1 000（出栏）	2 000	用于气温较高、土地宽广、有足够的农田消纳养殖场粪污的农村地区，特别是种植常年施肥作物，如蔬菜、经济类作物的地区

（二）厌氧—好氧—深度处理

污水/尿液经厌氧发酵后，厌氧出水再经好氧及自然处理系统处理，达到国家和地方排放标准，既可以达标排放，也可以作为灌溉用水或场区回用。其工艺流程如图 12-3 所示。

特点：占地少，适应性广，几乎不受地理位置、气候条件的限制，治理效果稳定，处理后的出水可达行业排放标准。缺点是投资大，能耗高，运行费用大，机械设备多，维护管理复杂，虽然大、小规模的养殖场都可以采用这种方法，但规模小的养殖场在经济上较难承受。自然处理工艺有人工湿地、土地处理和稳定塘技术。

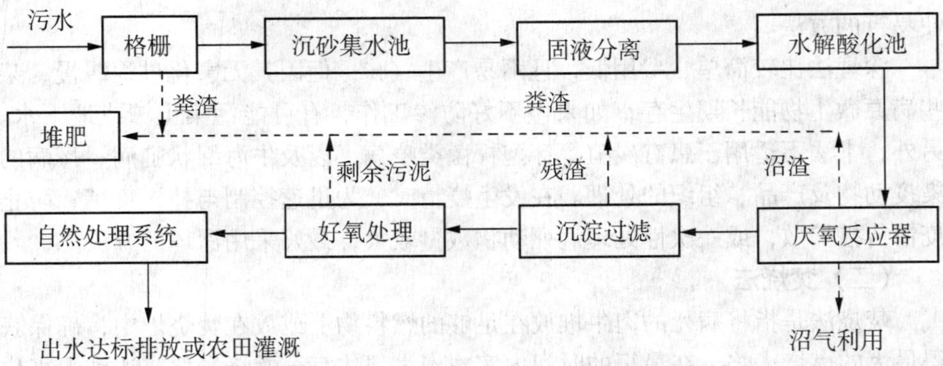

图 12-3　厌氧—好氧—深度处理工艺流程

不同厌氧反应器的优缺点比较见表 12-3。

表 12-3　不同厌氧反应器的优缺点比较

反应器名称	优点	缺点	适用范围
CSTR	投资小、运行管理简单	容积负荷率低，效率较低，出水水质较差	适用于 SS（固体悬浮物）含量很高的污泥处理
UASB	处理效率高，耐负荷能力强，出水水质相对较好	投资相对较大，对废水 SS 含量要求严格	适用于 SS 含量较低的有机废水
USR	处理效率较高，投资较省、运行管理简单，容积负荷率较高	对进料均布性要求高，当含固率达到一定程度时，必须采取强化措施	适用于含固体量高的有机废水

注：规模 1 000 头，厌氧池容积 1 000 米^3，好氧池容积 100 米^3。

四、病死牛处理工艺

病死肉牛的无害化处理要严格按照《病死及死因不明动物处置办法》和《病害动物和病害动物产品生物安全处理规程》这两个规范进行操作。现阶段，在病死肉牛无害化处理中，应用较多、较成熟的技术主要包括深埋法、焚烧法、堆肥法、化尸窖处理法、化制法、生物降解法等处理方法。

（一）深埋法

深埋法是指通过用掩埋的方法将病死肉牛尸体及产品等相关物品进行处理，利用土壤的自净作用使其无害化。具体操作过程主要包括装运、掩埋点的选址、坑体、挖掘、掩埋。深埋法是处理肉牛病害肉尸的一种常用、可靠、简便易行的方法。

深埋法比较简单、费用低，且不易产生气味，但因其无害化过程缓慢，某些病原微生物能长期生存，如果做不好防渗工作，有可能污染土壤或地下水。另外，本法不适用于患有炭疽等芽孢杆菌类疫病，以及牛海绵状脑病、痒病的染疫动物及产品、组织的处理。在发生疫情时，为迅速控制与扑灭疫情，防止疫情传播扩散，或一次性处理病死动物数量较大，最好采用深埋的方法。

（二）焚烧法

焚烧法是指将病死的肉牛堆放在足够的燃料物上或放在焚烧炉中，确保获得最大的燃烧火焰，在最短的时间内实现肉牛尸体完全燃烧炭化，达到无害化的目的。并尽量减少新的污染物质产生，避免造成二次污染。工艺流程主要包括焚烧、排放物（烟气、粉尘）、污水等处理。焚化可采用的方法有柴堆火化、焚化炉和焚烧窖（坑）等。

焚烧法处理病死肉牛安全彻底，病原被彻底杀灭，仅有少量灰烬，减量化效果明显。火床焚烧和简易焚烧炉燃烧的过程中会产生大量污染物（烟气），同时燃烧过程中如有未完全燃烧的有机物，会对环境造成污染。

由于焚烧方式不同，效果、特点有所不同，应根据养殖规模、病死肉牛数量选用不同焚烧处理方法。目前，主要采用火床焚烧、简易式焚烧炉焚烧、节能环保焚烧炉和生物自动焚化炉焚烧四种方法。集中焚烧是目前较先进的处理方法之一，通常一个养殖业集中的地区可联合兴建病死肉牛焚化处理厂，同时在不同的服务区域内设置若干冷库，集中存放病死肉牛，然后统一由密闭的运输车辆负责运送到焚化厂，集中处理。

（三）化尸窖法

化尸窖又称密闭沉尸井，是指按照《肉牛养殖业污染防治技术规范》要求，地面挖坑后，采用砖和混凝土结构施工建设的密封池。化尸窖处理技术，即以适量容积的化尸窖沉积动物尸体，让其自然腐烂降解的方法。化尸窖的类型从建设材料上分为砖混结构和钢结构两种，前者为建在固定场所的地窖，后者则可移动。从池底结构上，地窖式化尸池分为湿法发酵和干法发酵两种，前者的底部有固化，可防止渗漏，后者的底部则无固化。钢结构的化尸窖属于湿法发酵。

1. 主要优点 ①化尸窖处理法可进行分散布点，化整为零；②尸体运输路线短，有利于减少疾病的传播；③采用密闭设施，建造简单，臭味不易外泄，一般建于下风口地下，在做好消毒工作的前提下，生物安全，隐患低，对周边环境基本无污染；④可根据养殖规模进行设计，无大疫病情况下，利用期限较长，一般可利用10年以上；⑤建池快、受外界条件限制少，设施投入少、运行成本低；⑥操作简便易行，省工省时。在处理过程中添加的化尸菌剂能快速分解肉牛尸体、杀灭除芽孢菌以外的所有病原体、消除臭味，大幅度提高了化尸池使用效率，检修与清理方便。

2. 主要缺点 ①当化尸窖内容物达到容积的3/4时，应封闭并停止使用。不能循环重复利用，只能使用一口，封一口，再造一口；②化尸窖内肉牛尸体自然降解过程受季节、区域温度影响很大。夏季高温时期，肉牛尸体2个月内即可腐烂留下骨头，但冬季寒冷时期，肉牛尸腐过程非常慢。

化尸窖处理法适用于养殖场（小区）、镇村集中处理场所等对批量肉牛尸体的无害化处理。

（四）化制法

化制法处理是指将病死肉牛尸体投入水解反应罐中，在高温、高压等条件作用下，将病死肉牛尸体消解转化为无菌水溶液（以氨基酸为主）和干物质骨渣，同时将所有病原微生物彻底杀灭的过程。为国际上普遍采用的高温高压灭菌处理病害动物的方式之一，借助于高温、高压，病原体杀灭率可达99.99%。

1. 干化原理 将肉牛尸体或废弃物放入化制机内受干热与压力的作用而达到化制目的（热蒸汽不直接接触肉尸）。

2. 湿化原理 利用高压、蒸汽（直接与动物尸体组织接触），当蒸汽遇到肉尸而凝结为水时，可使油脂溶化和蛋白质凝固。目前主要采用湿化法。得到油脂与固体物料（肉骨粉），油脂可作为生物柴油的原料，固体物料可制作有机肥，从而达到资源再利用，实现循环经济目的。

化制法是一种较好地处理病死肉牛的方法，是实现病死肉牛无害化处理、资源化利用的重要途径，具有操作较简单，投资较小，处理成本较低，灭菌效果好、处理能力强、处理周期短，单位时间内处理最快，不产生烟气，安全等优点。但处理过程中，易产生恶臭气体（异味明显）和废水。

化制法主要适用于国家规定的应该销毁以外的因其他疫病死亡的肉牛，以及病变严重、肌肉发生退行性变化的肉牛尸体、内脏等。化制法对容器的要求很高，适用于国家或地区及中心城市肉牛无害化处理中心。也可用于肉牛场、屠宰场、实验室、无害化处理厂、食品加工厂等对病害动物及动物制品进行无害化处理。

（五）生物降解法

生物降解是指将病死肉牛尸体投入降解反应器中，利用微生物的发酵降解原理，将病死肉牛尸体破碎、降解、灭菌的过程，其原理是利用生物热的方法将尸体发酵分解，以达到减量化、无害化处理的目的。

生物降解技术是一项对病死肉牛及其制品无害化处理的新型技术。该项技术不产生废水和烟气，无异味，不需高压和锅炉，杜绝了安全隐患，同时具有节能、运行成本较低、操作简单的特点。此外采用生物降解技术可以有效地减小病死肉牛的体积，实现减量化的目的，进而有效避免乱扔病死肉牛尸体的现象发生。

五、废弃物治理推荐模式

肉牛养殖场采用干清粪方式，粪便和污水（尿液）分别在储粪场和沉淀池储存后还田，无污水排放口外排污水。采用此模式要求养殖场有与养殖场规模适应的消纳土地（每出栏一头肉牛所需土地不少于 2 亩。若肉牛饲养周期为 6 个月，所需土地面积可乘以折算系数 0.7）。

肉牛养殖场采用干清粪方式，粪便生产有机肥，污水进行厌氧—好氧—深度处理达标排放，且配备在线监测或视频监控设备并联网。

肉牛养殖场采用干清粪方式，粪便还田，污水进行厌氧—好氧—深度处理后达到排放标准，且出水全部利用，用于农田灌溉等。